HOCHBEANSPRUCHTE AUTOMOBILTEILE

BAUSTOFFWAHL UND HERSTELLUNG

MIT 89 ABBILDUNGEN

VON

ALFRED TÜCKING

DIPL.-ING.

M·KRAYN
BERLIN·W·

1930

VORWORT.

Die vorliegenden Ausführungen dienen dem Gedanken der Gemeinschaftsarbeit zwischen Verbraucher und Erzeuger, welche in unserer Zeit hochentwickelter Technik eine unerläßliche Voraussetzung für ein vollendetes Erzeugnis ist. Zur Verwirklichung der Gemeinschaftsarbeit wird in den Ausführungen folgender Weg vorgeschlagen und dargestellt: Der Konstrukteur gibt den einzelnen Teilen des Fahrzeuges zunächst eine solche Gestaltung, daß diese den aus Berechnungen und Erfahrungen bestimmten mechanischen, dynamischen, thermischen und chemischen Beanspruchungen und den Forderungen der billigen Reihenherstellung genügen. Der Werkstoffmann wählt auf Grund dieser festgestellten Beanspruchung und mit Rücksicht auf wirtschaftlichste Ausnutzung des Baustoffes das geeignete Material, sowie das zweckmäßigste Herstellungsverfahren mit der zweckentsprechenden metallurgischen und thermischen Behandlung. Darauf wird die Konstruktion endgültig festgelegt, und beide prüfen gemeinsam, ob die getroffene Auswahl richtig ist und der gewählte Baustoff die gewünschten Eigenschaften besitzt.

Bei einer ergiebigen Zusammenarbeit von Konstrukteur und Werkstoffmann ist es jedoch außerordentlich wichtig für beide, außer ihrem Fachgebiet den gesamten Werdegang des Fahrzeugteiles, und zwar vom Baustoff bis zum fertigen Betrieb, so zu beherrschen, daß sie jeder Zeit kritisch die Herstellung beurteilen können und somit sich vor unliebsamen Ueberraschungen bei dem späteren Gebrauch schützen.

Auf Grund dieser Tatsache habe ich es mir in der vorliegenden Arbeit zur Aufgabe gemacht unter Voraussetzung der Grundbegriffe, die wichtigsten Forderungen des modernen Automobilbaues hinsichtlich Konstruktion, Herstellung und Materialverwendung in kurzer und allgemein verständlicher Form zusammenfassen und zu erörtern.

Die Anregung zu dieser Arbeit verdanke ich Herrn Dr. ing. e. h. Karl *Hauck*, Direktor der Deutschen Edelstahlwerke, Werk Bergische Stahl-Industrie, Remscheid. Die Ausarbeitung wurde unter der Leitung von Herrn Dr. ing. K. Roesch unter Mitarbeit der Herren Dipl.-Ing. H. Müller und Dipl.-Ing. F. Rubensdörffer in der dortigen Versuchsanstalt durchgeführt.

An dieser Stelle möchte ich den Deutschen Edelstahlwerken für die weitgehende Unterstützung und Ueberlassung von sehr umfangreichem Erfahrungsmaterial danken, durch das die Arbeit für die Praxis des Automobilbaues an Bedeutung gewann.

Detroit, Mich., Februar 1930.

Alfred Tücking.

INHALTSVERZEICHNIS.

Die Fortschritte der Technik stellen an den Automobilbau immer größere Anforderungen in bezug auf Betriebssicherheit, Wirtschaftlichkeit und gute Fahreigenschaften eines Automobiles. Aus diesen Gründen ist es erforderlich, jedes Konstruktionsteil in allen Stufen

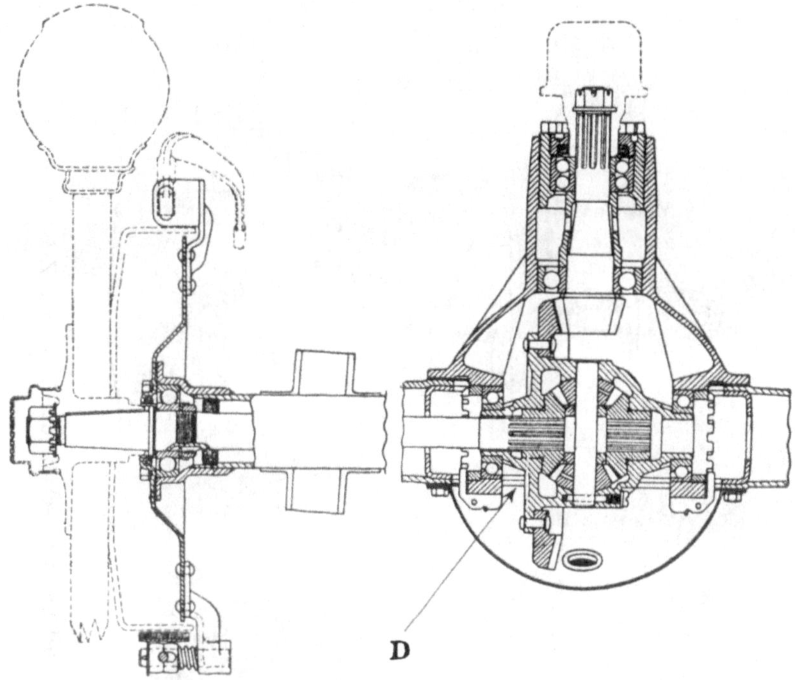

Bild 2a. Schnitt durch den Hinterradantrieb.

seiner Herstellung genau zu überprüfen. In folgendem sollen unter besonderer Berücksichtigung der metallurgischen wie der maschinentechnischen Seite die wichtigsten Automobilteile besprochen werden.

Jedes Automobil besteht in seinen zwei Hauptteilen aus dem Fahrgestell oder Chassis und dem Aufbau oder Karosserie. Im vorderen Teil des Chassis ist im allgemeinen der Motor, der Krafterzeuger, untergebracht (Bild 1). Die anderen Teile dienen zur Steuerung und Kraftübertragung. Zu letzteren gehören als erstes die Kupplung *K* (Bild 2), das ausrückbare Element zwischen Krafterzeuger und Kraftübertragungsorganen. Als nächstes folgt das Wechselgetriebe *W*, das verschiedene Uebersetzungen ermöglicht. Als elastisches Zwischenglied zwischen dem Getriebe und der Kardanwelle dient das Kardan-

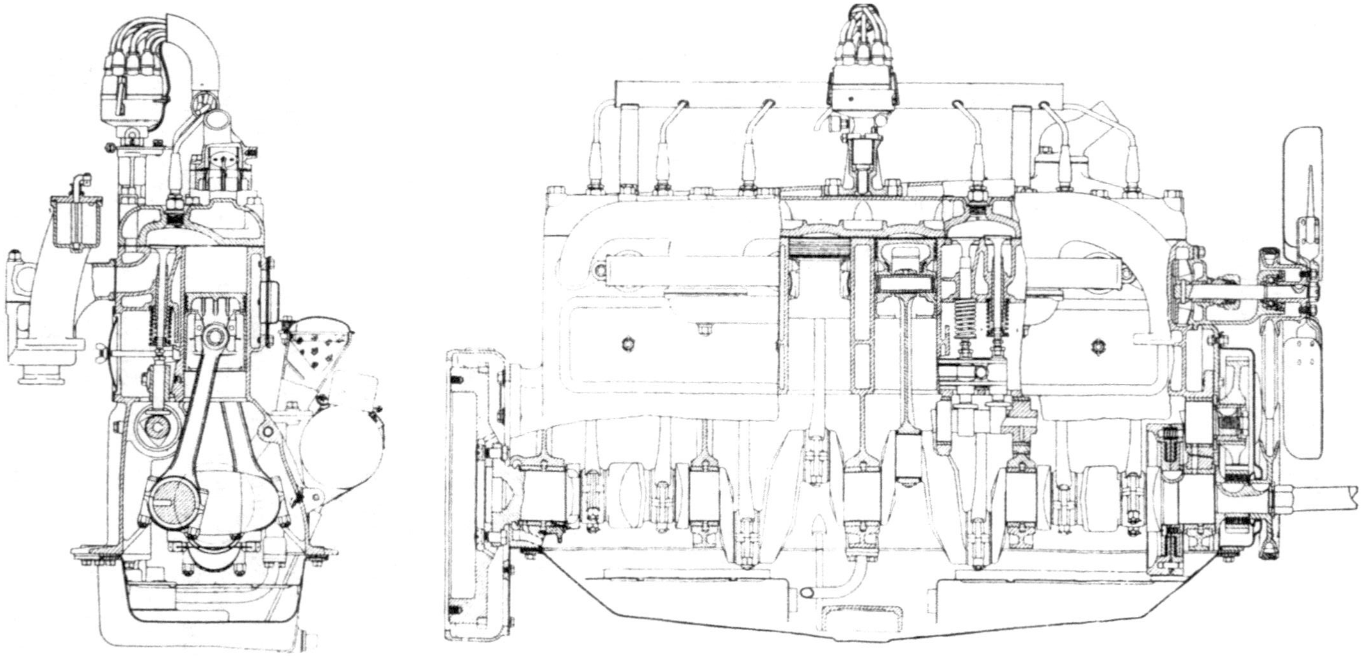

Bild 1. Längsschnitt und Querschnitt durch einen 8 Zyl.-Motor.

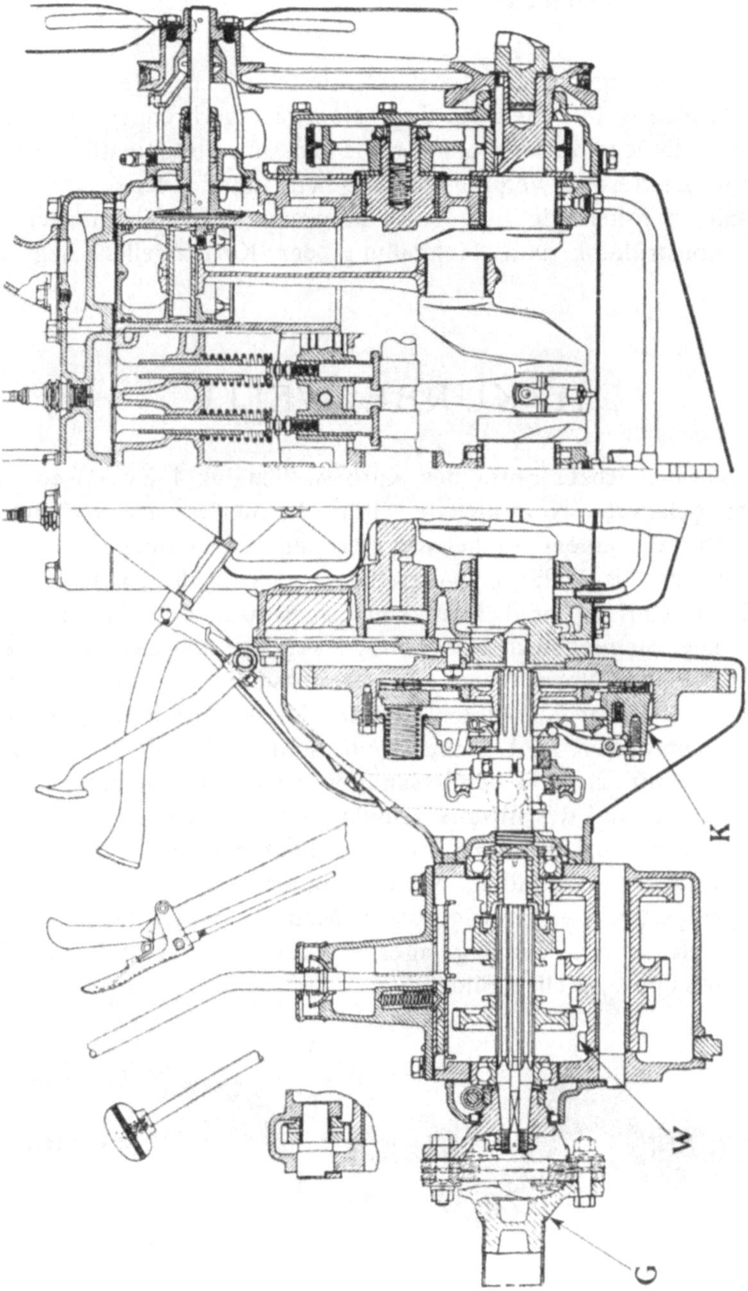

Bild 2. Längsschnitt durch Motor, Kupplung und Getriebe.

gelenk *G*, während die Kraft von der Kardanwelle auf die Hinterräder durch das Differentialgetriebe *D* und die Hinterachswellen übertragen wird.

Der Krafterzeuger, der Motor *M*, besteht in seinen Hauptteilen aus den Zylindern, in denen die Explosionsgase verbrennen. Die dabei auftretenden Drücke werden auf die die hin- und hergehenden Kolben übertragen. Letztere Bewegungsrichtung wird durch Pleuelstangen und Kurbelwelle in rotierende Bewegung umgesetzt. Es soll nun zunächst mit der Konstruktion und Herstellung der Kurbelwellen begonnen werden.

DIE KURBELWELLE.

Die gebräuchlichste Form der Kurbelwellen für 4 Zyl.-Motoren ist die 3mal gelagerte Normalwelle (Bild 3), deren vier Kröpfungen symmetrisch unter einem Winkel von 180° angeordnet sind. Für kleinere 4 Zyl.-Motoren (bis 4 PS) verwendet man vielfach die 2mal gelagerte Welle, deren Zapfen 2 und 3 auf einer gemeinsamen Kröpfung liegen (Bild 4). Die Biegungsbeanspruchungen sind bei diesen Kurbelwellen größer als bei der Normalwelle. Bei Dimensionierung solcher Wellen muß darauf Rücksicht genommen werden. Die Kurbelwellen der 6 oder 8 Zyl.-Reihenmotoren sind tunlichst vor und nach jedem Pleuellager zu lagern, damit die Flächenpressungen und Durchbiegungen klein bleiben und der Lauf des Motors schwingungsfrei ist (Bild 5, 6 und 7). Mit dieser Anordnung sind natürlich größere Baulänge und teuerere Herstellungskosten verbunden. Viele Gebrauchswagen sind daher mit weniger gelagerten Wellen ausgerüstet. Man verwendet hier bei 6 Zyl.-Maschinen die 3- oder 4mal gelagerte Welle (Bild 8) und bei 8 Zyl. die 5mal gelagerte Welle (Bild 9).

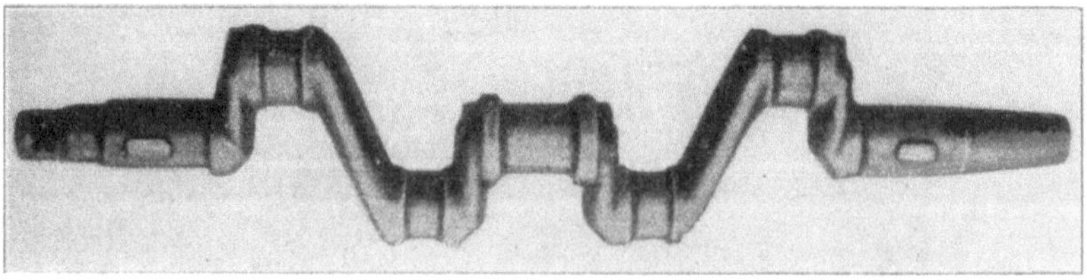

Bild 3. 3mal gelagerte Normalwelle.

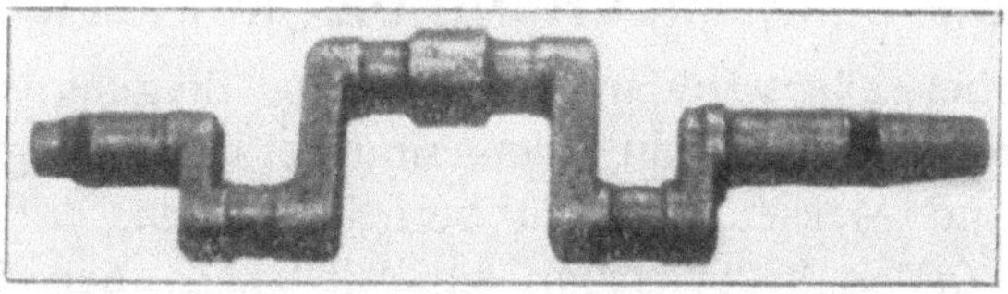
Bild 4. 2 mal gelagerte Welle, geschmiedet.

Bild 5. Fertigbearbeitete 6 Zyl.-Welle.

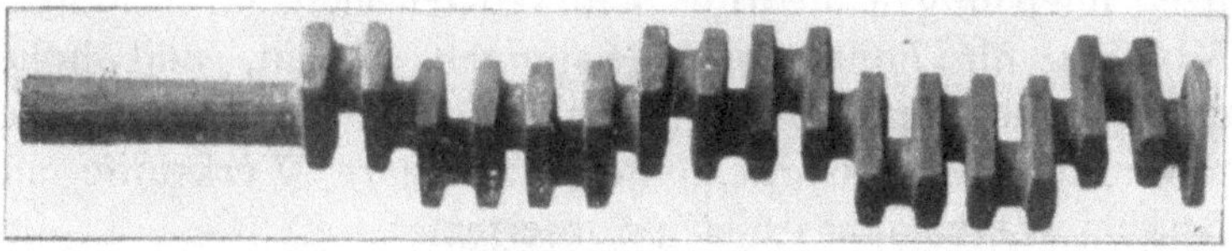
Bild 6. Geschmiedete 8 Zyl.-Welle.

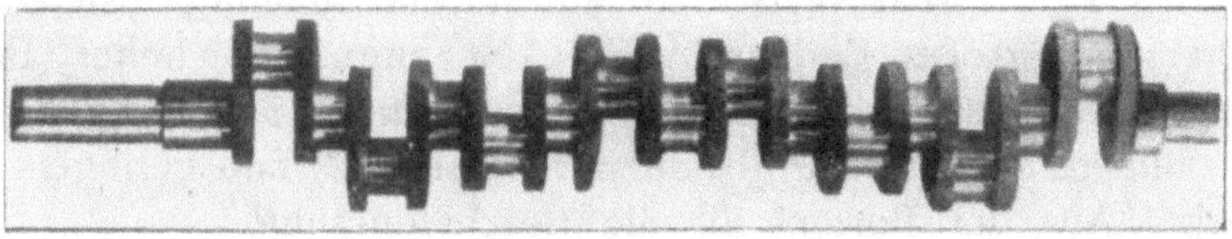
Bild 7. Fertigbearbeitete 8 Zyl.-Welle.

Bild 8. 4 mal gelagerte 6 Zyl.-Welle, geschmiedet.

Bild 9. 5 mal gelagerte 8 Zyl.-Welle, geschmiedet.

DIE BEANSPRUCHUNG DER KURBELWELLE.

Die Kurbelwelle wird auf Verdrehung, Biegung, Schwingung und Verschleiß beansprucht. Außerdem sind bei der Formgebung der Welle die Flieh- und Massenkräfte zu berücksichtigen, da diese bei hohen Drehzahlen ($n = 3000$—3500) ein Vielfaches der Explosionsdrücke ausmachen. Die Drücke wachsen mit dem Quadrat der Winkelgeschwindigkeit.

Da durch die deutsche Steuerformel Steuer PS $= 0{,}3 \cdot i \cdot d^2 \cdot s$ oder heute $H = 0{,}00078 \cdot i \cdot d^2 \cdot s$*) nur der Zylinderinhalt besteuert und die Umdrehungszahl der Motoren in der Formel nicht berücksichtigt wird, ist die deutsche Automobilindustrie in der Ausnutzung dieses Vorteils oft sehr weit gegangen. Durch die Wahl möglichst kleinen Hubvolumens und durch Anwendung hoher Drehzahlen wollte man bei hohen Nennleistungen niedrige Steuerkosten erzielen. Dadurch wurden die Motoren für hohe Spitzenleistungen gebaut, und hohe Triebleistungen vereinigten sich bei Vollast mit den höchsten Massenkräften und thermischen Beanspruchungen, die teure Werkstoffe und hochqualifizierte Werkmannsarbeit erforderten.

In Amerika war die Entwicklung infolge billiger Brennstoffe, anderer Steuergesetzgebung und größerer Verkehrsdichte entgegengesetzt wie in Deutschland. Man verzichtete auf höchste Ladungsausnutzung des Motors und große Endgeschwindigkeit zugunsten hoher Beschleunigung und größeren Anzugsvermögens durch Einführung größeren Hubvolumens verbunden mit hohem Schnellauf**) und geringem Wagengewicht. Aus der Formel für die Beschleunigung

$$b = \frac{H \cdot i}{G \cdot D} \cdot \frac{c \cdot 9850}{1{,}14}$$

H = Hubvolumen c = Ladungsausnutzung
G = Wagengewicht i = Hinterachsübersetzung
D = Reifendurchmesser

geht hervor, daß, je größer das Hubvolumen und die Hinterachsübersetzung und je kleiner das Wagengewicht und der Reifendurchmesser ist, um so mehr die Beschleunigung wächst. Mittelwert für Beschleunigung $b = 0{,}75$—$1{,}1$ m/sec².

---

*) i = Zylinderzahl, d = Zylinderdurchmesser in cm, s = Hub in Meter, H = Hubvolumen in ccm.

**) Schnellauf: Motorumdrehung auf 100 m Fahrstrecke. Vgl. auch Prof. Becker: Lehren d. amer. Automobilbaues. Motorwagen 1926, H. 5.

Der stärkere Motor in dem leichten Wagen muß selten mit voller Belastung arbeiten, das Gewicht des Kühlers und die Wassermenge kann kleiner und die Uebertragungsorgane können leichter gehalten werden. Die deutsche Industrie hat diese Vorzüge recht bald erkannt und sich heute diesen Forderungen eines Motors, nämlich großes Hubvolumen verbunden mit Schnellauf und geringem Wagengewicht, angepaßt.

BERECHNUNG DER KURBELWELLE.

Im folgenden wird die dreimal gelagerte Normalwelle (Bild 3) einer näheren Betrachtung unterzogen. Die vorliegende Berechnung der Normalwelle hat jedoch keinen Anspruch auf Vollkommenheit, da dies hier zu weit führen würde und nicht im Sinne der Arbeit liegt.

Die Welle ist statisch im Gleichgewicht. Die beiden äußeren kurzen Arme gleichen sich mit den beiden inneren kurzen Armen aus. Die langen Arme sind symmetrisch, und die äußeren Kurbelzapfen halten den inneren das Gleichgewicht. Statisch ist also diese Welle ausgeglichen, dynamisch dagegen nicht. Wird nämlich die Welle in Drehung versetzt, so entstehen durch die Drehbewegungen und die fortwährende Verzögerung und Beschleunigung des Kurbeltriebes Massenkräfte, die unter sich nicht ausgeglichen sind.

DIE MASSENKRÄFTE IM KURBELTRIEB SIND:

1. Massenkräfte aus umlaufenden Teilen (Kurbelzapfen und Arme, Pleuelkopf und ein Teil des Pleuelschaftes).
2. Massenkräfte aus den hin- und hergehenden Teilen (Kolben mit Ringen und Bolzen sowie Pleuelstangenfuß und ein halb Teil des Schaftes).
3. Massenkräfte aus hin- und hergehenden Teilen (Pleuelstangen).

DIE BERECHNUNG:*)

Die Welle wird durch die max. Explosionsdrücke (übl. Verdichtung 1:5) auf Biegung beansprucht. Die Zapfen müssen hierfür das erforderliche Widerstandsmoment durch entsprechende Querschnittsgröße besitzen. Dazu kommen zusätzliche Belastungen in horizontaler Ebene aus Fliehkäftren von Zapfen und Pleuelkopf und einem

*) Der moderne schnelle Automobilmotor. Riedl. Verlag C. Schmidt, 1924. Bussien. Automobiltechn. Handbuch. Verlag M. Krayn, Berlin.

Teil des -schaftes. Diese Kräfte bewirken zusätzliche Belastung an den End- und Mittellagern. Das Mittellager wird hierbei doppelt so hoch belastet als die Endlager, da es die Massenkräfte von zwei Kurbeln aufnehmen muß.

Die Biegungsbeanspruchung in der Explosionsebene, d. h. in vertikaler Richtung ist am größten, da hier zu den Fliehkräften der rotierenden Teile die Massenkräfte der hin- und hergehenden Teile vom Kolben und dem halben Pleuelschaft und Pleuelfuß hinzukommen. Hierbei ist zu beachten, daß der Massendruck nach oben stets größer ist als nach unten. Da diese Differenz nicht ausgeglichen ist und immer an je zwei nach oben gerichteten Kröpfungen angreift, treten im Betriebe Erschütterungen auf, durch die infolge des häufigen Kraftrichtungswechsels Pleuelstangen und Kurbelzapfen erheblich beansprucht werden und auf das Material ermüdend wirken. Durch günstige Bemessung des Schubstangenverhältnisses $\frac{l}{r}$ (1,7—2,2) kann man diese Beanspruchung etwas verringern, aber nicht ganz aufheben.

AUSWUCHTEN DER KURBELWELLE.

Die Beanspruchung der Normalwelle aus den Fliehkräften kann man durch verschiedene Mittel verringern. Der Hauptnachteil der unausgeglichenen Normalwelle ist, wie schon erwähnt, die hohe Belastung des mittleren Lagers. Durch den hohen Druck nützt sich das Mittellager leicht ab, und die praktischen Auflagedrücke werden viel größer als die berechneten. Die Folge ist ein Durchbiegen der Welle und das Auftreten von Störungen. In den beiden Endlagern kann sich die Welle ecken, und unter Umständen können die Lager auslaufen. Der mechanische Wirkungsgrad wird durch die auftretenden Reibungen beträchtlich herabgesetzt. Man sorge daher vor allen Dingen durch genügend große Lagerfläche für nicht allzu große Flächenpressungen, damit zwischen den reibenden Teilen immer eine Schmierschicht des Oeles erhalten bleibt. (Lagerstangenverhältnis $l : d < 1$ für dicke und schwere Zapfen, Lagerspiel $\sim$ 0,05 mm.) Da unter Umständen das Oel Temperaturen von 300—400° annehmen kann, ist eine Oelkühlung, welche vor den Wasserkühler gelegt wird, äußerst wirksam (Oelkontrolle).

Konstruktionswerte für zulässige Flächenpressungen in kg/cm² bei 30—32 kg/cm² Explosionsdruck:

	Lastwagen	Pers.-Wagen	Flugmotoren
Gehäuselager	40—55	50—60	60—90
Pleuellager	50—65	60—75	100—140

Um auch bei den angegebenen Flächenpressungen geringste Abnutzung der Wellen an den Lagerstellen zu erreichen, sieht man weiterhin auf möglichst harte Oberfläche der Zapfen und weiches Lagermetall.

DIE LAGERUNG.

Man unterscheidet grundsätzlich zwei Arten von Lagern, Gleit- und Wälzlager. Bei den ersteren findet eine weitere Unterteilung statt in Rotgußlager, die in der Herstellung am billigsten sind, Bronzelager und Weißmetallager. Bronze und speziell Rotguß erfordern weniger Herstellungskosten, sind aber nicht sehr gut geeignet als Lagerung für Kurbelwellen, da sie zum Fressen neigen. Am besten bewähren sich mit Weißmetall ausgegossene Lager (eine Legierung von Zinn, Antimon und Kupfer, des öfteren wird zur Verbilligung ein Teil des Zinnes durch Blei ersetzt). Beim Weißmetall finden sich in einer weichen Grundmasse harte Kristalle, wodurch erreicht wird, daß einerseits die Lagerschale sich gut in ihrer Form der Welle anpaßt, andererseits durch die harten Kristalle ein Verschleiß vermieden wird. Außerdem hat das Weißmetall noch den Vorteil, daß bei Ueberschreitungen einer bestimmten Temperatur (230—250°) die Lager auslaufen und dadurch bei Ueberbeanspruchung ein Zerstören der wertvollen Kurbelwelle vermieden wird.

Geringere Reibung weisen die Rollen- und Kugellager auf. Dadurch wird der mechanische Wirkungsgrad des Motors verbessert und eine beträchtliche Brennstoffersparnis erzielt. Die Herstellung ist jedoch bedeutend teurer, und der Einbau ungeteilter Lager bietet Schwierigkeiten. Die Verwendung von geteilten Lagern oder von ungeteilten in geteilte Kurbelwellen (A. Hirth) ist zwar einfacher, bietet aber betriebliche Nachteile. Ein weiterer Vorteil gegenüber den Gleitlagern ist, daß die Wälzlager nicht auf eine bestimmte Oelschicht angewiesen sind.

Um die Lebensdauer der Wellen und Lager zu erhöhen, ist unbedingt eine gute Schmierung, am besten Preßschmierung, anzuwenden. Außerdem ist eine Oelreinigung durch Siebe und ebenfalls eine Filterung der angesaugten Luft notwendig. Die harten Teilchen aus den Verunreinigungen des Oels setzen sich fest, schaben dadurch an den Wellen und erzeugen unrunde Zapfen.

Da ein einfacher Kohlenstoffstahl an der Oberfläche schnell verschleißt, ist die Verwendung von legiertem Material sehr zu empfehlen, besonders dann, wenn das Lagerspiel infolge großer Kräfte so groß werden kann, daß schwere Erschütterungen des Motors auftreten. Es wird daher angestrebt, die Lagerstellen mit einer harten Oberfläche zu versehen, und man hat dies zunächst mit der bekannten Einsatzhärtung zu erreichen versucht. Dieses Verfahren zeigt jedoch gewisse Nachteile (Verziehen, Oberflächenrisse), so daß man auf anderem Wege das gleiche Ziel zu erreichen sucht.

Die Firma Krupp hat ein patentiertes Verfahren zur Oberflächenhärtung, die sogn. Nitrierung herausgebracht, wodurch sie die Verziehung der zu härtenden Teile vermeiden will. Die Ausführung des Verfahrens ist folgende: Die zu nitrierenden Teile aus Sonderstahl werden in einem Kasten je nach der gewünschten Härtungstiefe längere oder kürzere Zeit der Einwirkung eines Ammoniakstromes bei 560° ausgesetzt. Die Werkstücke werden hierbei frei vom Gas umspült, welches unter Zersetzung Stickstoff an die Randschichten abgibt. Die Stücke werden darauf dem Kasten zumeist in einbaufertigem Zustand entnommen. Eine Abschreckung wird vermieden, so daß ein Verziehen oder Spannungen in dem Werkstücke nicht möglich sind.

Die Bergische Stahl-Industrie hat ein Verfahren, das Doppel-Duro-Verfahren, als Ersatz für die Einsatzhärtung entwickelt. Durch dieses Verfahren wird eine harte Oberfläche von 3—4 mm Tiefe erreicht ohne Aenderung der chemischen Zusammensetzung. Der Kern bleibt bei dieser Behandlung unbeeinflußt und behält die von der vorhergegangenen Vergütung erreichte Zähigkeit unverändert bei, ein Umstand, der für die Anwendung des Verfahrens bei Kurbelwellen äußerst günstig ist. Die Praxis muß zeigen, welchem von beiden Verfahren der Vorrang gebührt.

AUSGLEICH.

Um die ungünstige Beanspruchung des Mittellagers zu vermeiden, sind zunächst die Massen der rotierenden Teile so leicht als möglich zu machen. Vielfach schrägt man die Arme zwecks Gewichtserleichterung ab und bohrt häufig die Zapfen ungleich aus. Die mittleren Zapfen werden mehr ausgebohrt als die äußeren, so daß die Welle statisch unausgeglichen ist. Der Druck im Mittellager sinkt durch die kleineren Fliehkräfte des ausgebohrten mittleren Zapfens erheblich. Die Maschine läuft ruhiger, und die Beanspruchungen des Kurbelgehäuses sind geringer. Die Fliehkräfte der umlaufenden Teile können ferner gut ausgeglichen werden durch Anbringen von segmentartigen Gegengewichten an den verlängerten Armen. Die Gegengewichte müssen dem Gewicht von Zapfen plus $3/4$ Pleuel entsprechen. Dadurch heben sich die Fliehkräfte gegenseitig auf, und die Auflagedrücke sind für alle Lager in bezug auf die Wirkung der umlaufenden Gewichte = null. Leider ist dies Verfahren ziemlich teuer, so daß alle billigen Fahrzeuge hierauf verzichten müssen.

Wesentlich günstigere Ergebnisse im Ausgleich der Massenkräfte erzielt man bei 6 Zyl.- und 8 Zyl.-Motoren. Konstruiert man nämlich eine 6 Zyl.-Welle so, daß die Kröpfungen 1 und 6, 2 und 5, 3 und 4 in je einer Ebene liegen, so gleichen sich die Massenkräfte infolge der günstigen Anordnung der Kurbelstellungen zueinander in der Hubrichtung vollständig aus. Kippmomente treten auch hier wie beim 4 Zyl.-Motor nicht auf. Bei dem 8 Zyl.-Motor kommt zu diesem Vorteil noch ein größeres Anzugsmoment und größere Gleichmäßigkeit des Drehmomentes hinzu. Die Vorteile von Mehrzyl.-Motoren (6 oder 8 Zylinder) gegenüber 4 Zyl.-Motoren sind in folgender Aufstellung wiedergegeben:

1. Gleichmäßiges Gasdrehmoment
2. Gleichmäßiges Massendrehmoment
3. Massenausgleich (Erschütterungsfreiheit)
4. Momentenausgleich (frei von Kippmomenten)
5. Größere Sicherheit (Zylinderausfall)
6. Größere Elastizität besonders bei niederen Drehzahlen
7. Größeres Anzugsmoment
8. Kleineres Schwungrad
9. Kleines Geräusch
10. Bessere Kühlung
11. Besseres Ansaugen, nicht ruckweise
12. Geringere Bauhöhe
13. Geringere Beanspruchung infolge kleinerer Massen.

Als Nachteile könnte man die größere Neigung zu Drehschwingungen des Kurbeltriebes, das größere Gewicht, den höheren Preis und die teure Montage anführen.

DREHSCHWINGUNGEN.

Ein besonderer Nachteil der Sechs- und Achtzylinderwellen ist jedoch ihre erhöhte Neigung zu Torsionsschwingungen infolge ihrer Länge und großen Drehmassen. Durch die schweren Massen wird die kritische Drehzahl heruntergesetzt, so daß diese leicht in das Gebiet der Betriebsdrehzahl gelangt*).

Zur Vermeidung der Drehschwingungen hat sich folgende Maßnahme bewährt:

Möglichst leichte Drehmassen der Wellen.

Daher gleicht man auch sehr ungern die rotierenden Gewichte bei 6 und 8 Zylindern aus, denn durch die Gegengewichte werden den verschiedenen Kröpfungen nur neue Drehmassen mit großem Trägheitsmoment hinzugefügt. Sie erhöhen die Neigung der Welle zu Drehschwingungen beträchtlich und bewirken, wie bereits oben gesagt, eine Senkung der kritischen Tourenzahl in den Betriebsbereich. Dies ist für die Welle außerordentlich ungünstig, da Torsionsschwingungen viel schlimmer sind als Schwingungen des Kurbelgehäuses von unausgeglichenen umlaufenden Gewichten.

Die am häufigsten benutzte Betriebsdrehzahl soll im Verhältnis von 1:1,5 bzw. 1:2 zur kritischen Drehzahl liegen.

Weiterhin sehe man auf große Drehsteifheit durch große Zapfendurchmesser mit großen Bohrungen und gut abgerundeten Hohlkehlen (r = 3—4 mm).

Konstruktionswerte für Zapfendurchmesser in mm

6 St-PS	40—45 mm
8 St-PS	45—50 mm
10 St-PS	50—55 mm
12 St-PS	55—60 mm
14—16 St-PS	60—70 mm

Der Einbau von Schwingungsdämpfern, die durch mechanische oder Flüssigkeitsreibung die kritischen Torsionsschwingungen stark vermindern, ist sehr wirksam. Die Länge der Welle selbst verringert man am besten durch schmale, oft oval oder scheibenförmig ausgebildete Arme.

Ein vollständiger Massenausgleich ist praktisch nicht zu erzielen, da eine evtl. Gleichheit der Kräfte durch die auftretenden Explosionsdrücke immer wieder gestört wird. Es ist jedoch ratsam, in der geschilderten Weise möglichst annähernd einen Ausgleich herbeizuführen (Motorwagen 1929, H. 10), da die Wirkung der freien

*) s. Techn. Schwingungslehre v. Hert. Verlag Springer 1922.

Kräfte und Momente teils ein Stampfen, teils Schwingungen und Erschütterungen bei hoher Drehzahl hervorrufen, die, wenn sie in regelmäßigen Abständen erfolgen, durch Resonanzwirkungen die schädlichen kritischen Wirkungen verursachen und bald zum Bruch führen.

Aus den vorstehenden Betrachtungen und aus der Tatsache, daß 95 % aller Kurbelwellenbrüche Ermüdungsbrüche sind, ergibt sich als wichtigste Forderung für eine gute Kurbelwelle: genügend großen Widerstand gegen Schwingungs- und Ermüdungsbeanspruchung infolge der unvermeidlichen Erschütterungen.

Der Konstrukteur erfüllt die Forderung dadurch, daß er der Kurbelwelle eine möglichst große Steifheit gibt und weitgehendsten Massenausgleich herbeiführt.

Der Erzeuger erfüllt die Forderung durch geeignete Herstellung der Welle und Verwendung von Material mit großer Dauerfestigkeit. Wie weit er seiner Aufgabe nachkommen kann, soll im folgenden behandelt werden:

Zunächst einige Erörterungen über das Wesen der

DAUERFESTIGKEIT.

Werkstoffe, die Schwingungs- oder Wechselbeanspruchungen ausgesetzt sind, wobei die Beanspruchung dauernd zwischen einem oberen und einem unteren Wert wechselt, verhalten sich in ihren Festigkeitseigenschaften ganz anders, als wenn die Belastung eine Zeitlang ihre Größe beibehält. Besonders auffallend ist, daß Maschinenteile bei Schwingungs- oder Wechselbeanspruchung schon bei Belastungen brechen, die weit unter der Steckgrenze liegen. Solche Brüche erfolgen jedoch nicht plötzlich, sondern erst nach einer großen Anzahl Lastwechsel, so daß man hier von einer Ermüdung des Materials spricht. Da nun der Konstrukteur seiner Berechnung meistens die Streckgrenze zugrunde legt und gerade im Fahrzeugbau auf volle Ausnutzung des Materials sieht, ist es äußerst wichtig, die Größe der auftretenden Schwingungsbeanspruchung und die Schwingungsfestigkeit des Materials festzustellen. Die erste Forderung ist rechnerisch kaum zu erfassen. Dagegen könnten auf experimentellem Wege durch Dehnungsmesser in vollem Betriebe die auftretenden Beanspruchungen bestimmt werden. Leider hat bisher die hohe Umdrehungszahl der umlaufenden Kurbelwellen bei Dehnungsmessungen große Schwierigkeit bereitet, so daß noch keine einwandfreien Ergebnisse vorliegen.

Dagegen ist die Bestimmung der Schwingungsbeanspruchung, die ein Werkstoff beliebig oft ertragen kann ohne zu brechen, also Ermittlung der Dauerfestigkeit, wesentlich aussichtsreicher. Aus Versuchen hat man festgestellt, daß man nicht eine unbegrenzte Lastwechselzahl herbeiführen muß, um die Dauerfestigkeit zu bestimmen, sondern eine Lastwechselzahl von 10 000 000*) vollkommen ausreicht. Ferner ist die Höhe der Dauerfestigkeit von der Lastwechselzahl pro Minute unabhängig, so daß man zwecks Abkürzung des Verfahrens Frequenzen bis 5000 pro Minute anwenden kann.

Man hat verschiedene Prüfmaschinen und Verfahren ausgebildet, von denen die bekanntesten die von O. Föppl und die von Schenck**) sind, worauf jedoch hier nur kurz eingegangen werden kann. Beide Methoden gehen zur Bestimmung der Dauerfestigkeit von der Arbeitsaufnahme aus, die das Material bei Wechselbeanspruchung aufnimmt und sich durch das Arbeiten des Materialgefüges erklärt.

Man nennt diese auftretende Arbeitsleistung auch Dämpfungsarbeit und bezieht sie auf einen vollständigen Lastwechsel und 1 kg Gewicht des arbeitenden Stabteiles. Die durch die Dämpfungsarbeit verzehrte Energie muß dem Stahl wieder zugeführt werden und ist meßbar. Am besten stellt man die Temperaturerhöhung fest, da sich die aufgenommene Energie in Wärme umformt.

Stellt man die Dämpfungsarbeit in Abhängigkeit von der Schwingungsbeanspruchung graphisch dar (Bild 10), so erkennt man, daß beim Beginn des Versuchs die Kurve nur ganz allmählich bis zu einem bestimmten Punkt A gleichmäßig ansteigt. Hier beginnt jedoch das Gefüge immer mehr zu arbeiten, so daß die Kurve bald schneller und schließlich steil ansteigt. Legt man an das letzte Ende der Kurve eine Tangente, so schneidet dieselbe die Abzisse in einem zweiten Punkt B. Die Ermüdungsgrenze, also die Grenze der Beanspruchung, die bei unendlicher Anzahl Lastwechsel gerade noch aufgenommen werden kann, ohne einen Bruch herbeizuführen, liegt nun nach der Auffassung von Lehr entweder in der Nähe von A oder zwischen A und B, je nach der Dämpfungsfähigkeit des vorliegenden Werkstoffes. Man hat festgestellt, daß viele Werkstoffe, z. B. weiche Stähle, auch

*) Diese Ansicht ist inzwischen durch Versuche und verschiedene Beispiele aus der Praxis widerlegt worden.

**) Vgl. Literatur. Prof. Föppl. Grundzüge der techn. Schwingungslehre. Berlin. Springer 1926.

Dr. Lehr. Abkürzungsverfahren zur Ermittlung der Schwingungsfestigkeit von Materialien. Dissertation. Darmstadt 1926.

nach *A*, dem Beginne des Leistungsanstieges, erhebliche Arbeit aufnehmen oder Formänderungen erleiden können, ohne zu brechen.

O. Föppl und seine Mitarbeiter bestimmen neben der Dauerfestigkeit die Dämpfung des Materials und haben gefunden, daß hierzu Drehschwingungsversuche bedeutend besser geeignet sind als Zug-, Druck- oder Biegungsversuche. Da die Dämpfung den plastischen Anteil der Verformung ausdrückt, kennzeichnet sie ein Material in ähnlicher Weise wie die Dehnung beim Zugversuch, und man muß bei der Beurteilung der Gebrauchseigenschaften eines Werkstoffes

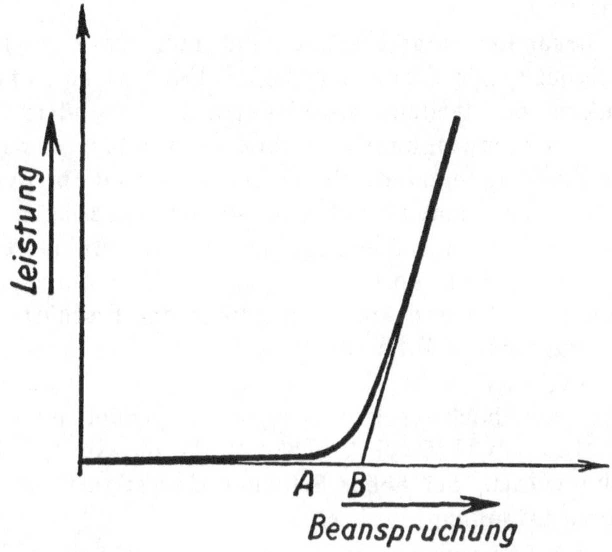

Bild 10. Schaulinien zur abgekürzten Bestimmung der Dauerfestigkeit nach Lehr.

Schwingungsfestigkeit und Dämpfung gleichzeitig und ihre Veränderlichkeit durch Dauerbeanspruchung in Betracht ziehen. Gefügeänderungen konnten bisher bei Schwingungsbrüchen nicht festgestellt werden.

Es sei noch erwähnt, daß von Stribeck zur Bestimmung der Dauerfestigkeit eine Faustformel aufgestellt worden ist, nach der diese nach Multiplikation mit dem Faktor 0,47 zu errechnen sein soll. Die Ergebnisse der praktischen Versuche weichen jedoch bis zu 20 % davon ab*).

*) Vgl. Stribeck. V. D. I. 1924, S. 767.

Houdremont*) hat in neuester Zeit diesen Faktor zu 0,5 gefunden; die beste Uebereinstimmung erhält man durch die Formel

$$\text{Schwingungsfestigkeit } S = 0{,}25\ (\sigma_F + \sigma_B) + 5$$

wobei σ_F die Streckgrenze und σ_B die Zugfestigkeit in km/mm^2 bedeutet.

Zusammenfassend kann gesagt werden: Je höher die Streckgrenze und damit verbunden die Elastizitätsgrenze, um so höher ist die Dauerfestigkeit des Materials. Solange nämlich die Beanspruchungen unterhalb der Elastizitätsgrenze bleiben, sind die Formänderungen sehr gering, und damit ist eine hohe Dauerfestigkeit gewährleistet.

Welche bekannten Markenstähle sind nun für Kurbelwellen besonders geeignet? Die Stähle mit hoher Dämpfungsfähigkeit sind dynamisch die weitaus zuverlässigsten. Besonders beim Auftreten von freien Schwingungen ist ihre Verwendung günstig, da die Energie der Schwingungen durch die innere Arbeit im Material zum größten Teil aufgenommen wird und so ein Vordringen der Beanspruchungen über die Ermüdungsgrenze hinaus verhindert wird. Da bei Kurbelwellen jedoch noch Stöße und Schläge durch Explosionskräfte, Detonationen**) und Stampfen infolge der Erschütterungen auftreten, muß das Material für Kurbelwellen sowohl hohe Dämpfung, sowie eine möglichst hohe Schwingungsfestigkeit besitzen. Für die Kurbelwellen von hochwertigen Wagen verwendet man daher die Marken VCN 35, VCN 45 (S. A. E. 3340), da dieselben, wie in Versuchen nachgewiesen, bei hoher Schwingungsfestigkeit noch eine genügend große Dämpfung besitzen.

Für billigere Gebrauchswagen verwendet man vielfach Mn Ni oder Cr-Stähle, die jedoch nicht ganz so hohe Dauerfestigkeit, aber gute Dämpfungswerte ausweisen.

Neuerdings kommen vielfach Cr-Mo-Stähle zur Anwendung, die eine bessere Bearbeitbarkeit besitzen und außerdem höheren Widerstand gegen Ermüdung zeigen. Die Normenbezeichnungen sind durch die Gemeinschaftsarbeit zwischen Hersteller und Verbraucher entstanden, wodurch die Zahl der Werkstoffe eingeschränkt und die Bedingung festgelegt wird, daß bei gleichbleibender Festigkeit und Zähigkeit auch die Gewähr der stets gleichbleibenden Güte gewahrt wird. Normblätter Seite 23 u. 24. Zum Vergleich sollen hier noch

*) Stahl und Eisen 1929. H. 23, S. 833.

**) Detonation: Plötzliches Abbrennen d. ganzen Gemisches.

Flußstahl geschmiedet oder gewalzt
unlegiert

Einsatz- und Vergütungsstahl

Werkstoffe

DIN 1661

Bezeichnung für ausgeglühten Vergütungsstahl mit 0,35% mittlerem Kohlenstoffgehalt:

Vergütungsstahl St C 35.61 DIN 1661 ausgeglüht

Einheitsgewicht für die Gewichtsberechnung 7,85 kg/dm³

Der Werkstoff wird geschmiedet oder vorgewalzt zum Schmieden oder fertiggewalzt (fertiggewalzt im allgemeinen unter 50 mm Dicke), gegebenenfalls mit nachfolgender spanabhebender Bearbeitung, verwendet.

Gewalzt wird dieser Werkstoff nur mit Rund-, Vierkant-, Sechskant- und Flachquerschnitten geliefert bis herunter zu 8 mm Dicke, fertiggewalzt mit den Maßtoleranzen, Prüfungs- und Abnahmevorschriften nach DIN 1612, vorgewalzt mit Toleranzen, die von Fall zu Fall zu vereinbaren sind.

Einsatzstahl

Reinheitsgrad: Schwefel- und Phosphorgehalt nicht mehr als je 0,04%, zusammen jedoch nicht mehr als 0,07%.

Die mechanischen Eigenschaften gelten für den ausgeglühten (normalgeglühten) Zustand.

Markenbezeichnung	Zugversuch nach DIN 1605: Zugfestigkeit σ_B im Mittel kg/mm²	Bruchdehnung mindestens[1]) %: am kurzen Normalstab oder kurzen Proportionalstab δ_5	Bruchdehnung mindestens[1]) %: am langen Normalstab oder langen Proportionalstab δ_{10}	Streckgrenze σ_S mindestens kg/mm²	Kohlenstoffgehalt C %	Mangangehalt Mn höchstens %	Siliziumgehalt Si höchstens %
St C 10.61	38	30	25	21	0,06 bis 0,13	0,5	0,35
St C 16.61	42	28	23	23	0,11 bis 0,18	0,4	0,35

Nach dem Einsetzen hat der Werkstoff höhere Festigkeit, auch im Kern.

Vergütungsstahl

Reinheitsgrad: Schwefel- und Phosphorgehalt nicht mehr als je 0,04%, zusammen jedoch nicht mehr als 0,07%.

Markenbezeichnung	Zustand	Zugversuch nach DIN 1605: Zugfestigkeit σ_B kg/mm²	Bruchdehnung mindestens[1]) %: am kurzen Normalstab oder kurzen Proportionalstab δ_5	Bruchdehnung mindestens[1]) %: am langen Normalstab oder langen Proportionalstab δ_{10}	Streckgrenze σ_S mindestens kg/mm²	Kohlenstoffgehalt C ≈ %	Mangangehalt Mn höchstens %	Siliziumgehalt Si höchstens %
St C 25.61	ausgeglüht	42 bis 50	27	22	24	0,25	0,8	0,35
	vergütet	47 bis 55	24	20	28			
St C 35.61	ausgeglüht	50 bis 60	23	19	28	0,35		
	vergütet	55 bis 65	22	18	33			
St C 45.61	ausgeglüht	60 bis 70	19	16	34	0,45		
	vergütet	65 bis 75	18	15	39			
St C 60.61	ausgeglüht	70 bis 85	15	13	40	0,60		
	vergütet	75 bis 90	14	12	45			

Die unter „vergütet" aufgeführten Werte der mechanischen Eigenschaften liefern einen Maßstab für die Vergütungsfähigkeit des Stahles. Sie werden durch Abschrecken aus 30° bis 50° C oberhalb des oberen Umwandlungspunktes mit darauffolgendem Anlassen bis auf etwa 600° C erreicht. Indessen wird gewöhnlich weniger hoch angelassen, und die erreichbaren Zahlenwerte sind andere, besonders liegen die Werte der Streckgrenze und Zugfestigkeit höher.

Da sich nur Stücke bis etwa 40 mm Dicke bis in den Kern durchhärten und dementsprechend auch solche nur gleichmäßig vergüten lassen, so ist bei dickeren Stücken die Probeentnahmestelle mit der Vergüterei zu vereinbaren.

¹) Bei dem im Auslande zum Teil üblichen kleineren Meßlängenverhältnis werden die Dehnungswerte entsprechend höher.

Durch Puddeln oder Paketieren hergestellter Werkstoff ist in vorstehenden Aufstellungen nicht enthalten.

Durch Ziehen, Pressen, Schlagen und dergl. kalt gereckter Werkstoff fällt nicht unter diese Normen.

Unter „Ausglühen" (Normalglühen) ist hier ein gleichmäßiges Erhitzen auf eine Temperatur kurz oberhalb des oberen Umwandlungspunktes mit folgendem Erkaltenlassen in ruhiger Luft zu verstehen.

Die mechanischen Eigenschaften gelten in der Faserrichtung.

Die Prüfung der mechanischen Eigenschaften erfolgt nach DIN 1602 usw.

Über die Ausführung der chemischen Prüfung sind besondere Vereinbarungen zwischen Besteller und Lieferer zu treffen. Es wird empfohlen, in strittigen Fällen sich an die vom Chemikerausschuß des Vereins deutscher Eisenhüttenleute ausgearbeiteten Analysenverfahren zu halten.

Die Prüfung der Werte der mechanischen Eigenschaften im vergüteten Zustand erfolgt an einem Zerreißstab, der aus dem bereits vergüteten Stück kalt herauszunehmen ist.

Für die Anwendung der Normen siehe auch Erläuterungsblatt DIN 1606.

Der Verwendungszweck ist in Sonderfällen anzugeben.

Juni 1929
2. Ausgabe (Änderung gegenüber der 1. Ausgabe siehe Heftrand)

Nickel- und Chromnickelstahl

für mechanisch hoch beanspruchte Teile

DIN 1662

In der Markenbezeichnung bedeutet:

E = Einsatzstahl V = Vergütungsstahl
C = Chrom N = Nickel
w = weich h = hart

Reinheitsgrad: Phosphor und Schwefel nicht mehr als je 0,035 % zusammen nicht mehr als 0,06 % [1])

Markenbezeichnung	geglüht		gehärtet bzw. vergütet				Chemische Zusammensetzung in %				
	Brinellhärte H kg/mm² höchstens	Zugfestigkeit [2]) kg/mm² höchstens	Zugfestigkeit σ_B kg/mm²	Streckgrenze σ_S in % der Zugfestigkeit mindestens	Bruchdehnung [3]) in % δ_5	Bruchdehnung [3]) in % δ_{10}	Kohlenstoff C	Nickel Ni	Chrom Cr	Mangan Mn	Silizium Si höchstens
Einsatzstähle											
EN 15	162	55	60 bis 80 Wasser	65 %	20 bis 10	15 bis 8	0,10 bis 0,17	1,5 ± 0,25	höchstens 0,2	höchstens 0,5	0,35
ECN 25	206	70	80 bis 100 Öl 90 bis 110 Wasser	70 % Öl 75 % Wasser	20 bis 14 Öl 16 bis 10 Wasser	14 bis 10 Öl 12 bis 7 Wasser	0,10 bis 0,17	2,5 ± 0,25	0,75 ± 0,2	höchstens 0,5	0,35
ECN 35	220	75	90 bis 120 Öl	75 %	16 bis 9	12 bis 6	0,10 bis 0,17	3,5 ± 0,25	0,75 ± 0,2	höchstens 0,5	0,35
ECN 45	240	83	120 bis 140 Öl	75 %	14 bis 7	10 bis 5	0,10 bis 0,17	4,5 ± 0,25	1,1 ± 0,2	höchstens 0,5	0,35
Vergütungstähle											
VCN 15w	206	70	65 bis 75	65 %	24 bis 18	16 bis 13	0,25 bis 0,32	1,5 ± 0,25	0,5 ± 0,2	0,4 bis 0,8	0,35
VCN 15h	206	70	75 bis 85	70 %	22 bis 16	15 bis 12	über 0,32 bis 0,40	1,5 ± 0,25	0,5 ± 0,2	0,4 bis 0,8	0,35
VCN 25w	220	75	70 bis 85	70 %	20 bis 14	14 bis 10	0,25 bis 0,32	2,5 ± 0,25	0,75 ± 0,2	0,4 bis 0,8	0,35
VCN 25h	220	75	80 bis 95	70 %	16 bis 10	12 bis 8	über 0,32 bis 0,40	2,5 ± 0,25	0,75 ± 0,2	0,4 bis 0,8	0,35
VCN 35w	235	80	75 bis 90	75 %	20 bis 14	14 bis 10	0,20 bis 0,27	3,5 ± 0,25	0,75 ± 0,2	0,4 bis 0,8	0,35
VCN 35h	235	80	90 bis 105	75 %	16 bis 10	12 bis 8	über 0,27 bis 0,35	3,5 ± 0,25	0,75 ± 0,2	0,4 bis 0,8	0,35
VCN 45	265	90	100 bis 115 [4])	80 %	15 bis 9	10 bis 6	0,30 bis 0,40	4,5 ± 0,25	1,3 ± 0,2	0,4 bis 0,8	0,35

[1]) Bei saurem Stahl sind je nach Vereinbarung höhere Gehalte an Phosphor und Schwefel zulässig.
[2]) Berechnet aus der Brinellhärte H · 0,34; maßgebend ist der Zugversuch.
[3]) Die angegebenen Dehnungswerte sind Mindestwerte, wobei der niedrigste Dehnungswert dem höchsten Zugfestigkeitswert entspricht. Zwischenwerte werden durch Interpolation ermittelt.
[4]) Der Stahl VCN 45 kann durch Lufthärtung auf eine Festigkeit von etwa 160 kg/mm² gebracht werden.

Als Sonderstahl für ausbohrbare im Einsatz gehärtete Spindeln kommt ein Stahl mit folgenden Richtwerten in Frage:

C = 0,10 bis 0,17 %
Ni = 3,5 ± 0,25 %
Cr = höchstens 0,1 %

Bei geringen Abweichungen in der chemischen Zusammensetzung sind die mechanischen Eigenschaften für die Abnahme maßgebend.

Die aufgeführten mechanischen Eigenschaften gelten für die Prüfung eines mitteldicken Rundstahles (60 mm Durchmesser) in der Faserrichtung.

Die Prüfung erfolgt nach DIN 1602 bis 1605. Die Probeentnahme erfolgt nach Vereinbarung (tunlichst aus der Randzone).

Richtlinien für Verwendung und Behandlung der einzelnen Stähle siehe DIN 1662 Beiblätter . . . . .

Arbeitsgemeinschaft der Eisen verarbeitenden Industrie
Fachnormenausschuß der Kraftfahrindustrie Fachnormenausschuß für Luftfahrt
Verein deutscher Werkzeugmaschinenfabriken Edelstahl-Verband

Juni 1930
2. Ausgabe

die amerikanischen Normenstähle, welche von der Soc. of Automobile Engineers, SAE, mit angeführt werden. Die Markenbezeichnungen der SAE-Stähle werden durch Ziffern dargestellt. Die erste Ziffer bezeichnet die Gruppe, und zwar

1 = Kohlenstoffstahl (C)
2 = Nickelstahl (Ni)
3 = Chrom-Nickelstahl (Cr-Ni)
5 = Chromstahl (Cr)
6 = Chrom-Vanadium-Stahl (Cr-V)
7 = Wolframstahl (W)
9 = Mangan-Silizium-Stahl (Mn-Si)

Die zweite Ziffer gibt die Höhe des wichtigsten Legierungselementes an, die letzten beiden Ziffern den Kohlenstoffgehalt in hundertstel Prozent. So bedeutet SAE 2315 Nickelstahl mit 3 % Ni und 0,15 % C.

Der Verwendungszweck der einzelnen SAE-Stähle wurde auf Grund der Zusammenstellung der „Motor spezifications" der amerikanischen Zeitschrift, Automotive Industries, Jahrgang 1929, festgestellt. Bei dem Vergleich fällt auf, daß die Amerikaner durchaus nicht bessere Stähle verwenden als wir, sondern im Gegenteil, selbst bei kraftübertragenden Teilen, nehmen sie oft nur sehr wenig legiertes Material. Der Amerikaner ist eben der Ansicht, daß es nicht richtig ist, die Lebensdauer des Fahrzeuges auf Kosten des Materialpreises allzu hoch zu setzen, sondern der Verschleiß muß derartig sein, daß in 3—4 Jahren der Besitzer gezwungen ist, sich ein neues Fahrzeug anzuschaffen, wenn er einigermaßen gut fahren will. Auch bei uns verbreitet sich diese Ansicht immer mehr, so daß man mit den hochlegierten Spitzenstählen sehr sparsam umgeht und des öfteren niedrig legierte Cr- oder Ni oder Mn-Stähle verwendet, die durch geeignete Wärmebehandlung trotzdem leistungsfähig sind und sich andererseits durch leichte und gleichmäßige Bearbeitbarkeit auszeichnen, ein Vorteil, der wesentlich zur Verbilligung des Fahrzeuges beiträgt. (Die SAE-Stähle werden also jeweilig in den deutschen Normenbezeichnungen bei gleichem Verwendungszweck angeführt.)

An Versuchsproben und vorliegenden Betriebsdauerbrüchen wurde beobachtet, daß noch andere Faktoren Einfluß auf die Höhe der Dauerfestigkeit haben, wie Oberflächenbeschaffenheit, Formgebung und Materialfehler. Man stellte fest, daß die Brüche an Versuchsstäben fast immer an der Oberfläche ansetzen und sich nach dem Inneren des Stabes kreisförmig ausbreiten. Die Einrisse waren so fein, daß sie erst mit dem Auge zu erkennen waren, wenn sich der Schwingungsbruch schon über ein Drittel der Querschnittfläche erstreckte.

Um den Einfluß der Oberflächenverletzungen auf den Rückgang der Dauerfestigkeit verschiedener Materialien festzustellen, hat man Schwingungsversuche an Stäben mit Verletzungen verschiedener Art wie Polierschrammen, Drehriefen, eingeritzten Rillen ausgeführt. Das Ergebnis zeigte, daß unlegierte Stähle gegen Oberflächenverletzungen viel weniger empfindlich sind als hochlegierte. Es ist daher in der Praxis unbedingt darauf zu achten, daß bei Teilen, die Schwingungsbeanspruchungen ausgesetzt sind, Oberflächenbeschädigungen, wie Dreh- und Schleifrillen, Kerben, scharfe Ecken und Kanten unbedingt vermieden werden, da sonst die Dauerfestigkeit erheblich herabgesetzt wird.

Leider wird diese Tatsache in der Praxis nicht immer beachtet, wie aus den noch immer auftretenden Brüchen folgender Art hervorgeht. Bild 11 zeigt einen Ermüdungsbruch des letzten Zapfens einer Kurbelwelle. Gerade hier kommt ein Bruch sehr häufig vor, da durch diesen Zapfen alle Explosionskräfte sowie die Reaktionsmomente der Schwungradträgheitskraft hindurchgehen. Der Bruch geht von dem Schmierloch für die Pleuel aus und verläuft dann schräg nach dem Zapfenbund der Schwungradseite. Bild 12 zeigt einen Dauerbruch, der seinen Anfang bei einer Oelbohrung nimmt. Man achte daher unbedingt auf eine glatte Ausführung der Bohrungen, da schon durch die Bohrung allein örtliche Spannungen auftreten und die kleinste Unregelmäßigkeit an der Bohrfläche oder schon eine geringe Exzentrizität von großer Wirkung ist. Sehr oft treten auch Dauerbrüche durch zu geringe Ausrundungen der Hohlkehlen auf, wie aus Bild 13 ersichtlich ist. Durch gute Ausrundungen der Zapfenübergänge (r = 3—4 mm) wird die Spannung an den Uebergängen erheblich vermindert, und der Bruchquerschnitt vergrößert. Man sieht auf dem Bilde deutlich, wie die Bruchlinien konzentrisch von der Bruchstelle ausgehen und durch die wiederholten Beanspruchungen erst allmählich vorgedrungen sind. Der Bruch erfolgte also nicht plötzlich, sondern trat erst dann ein, als der Restquerschnitt den Beanspruchungen nicht mehr gewachsen war. Das glatte Aussehen des Bruches ist für alle Dauerbrüche kennzeichnend, da der langsam vorschreitende Bruch durch die Kristalle glatt hindurchgeht. Sehr gefährlich sind auch scharf gestoßene Keilnuten, wie Bild 14 zeigt. Der Anriß erfolgte an der scharfen Nutenkante. Die gesamte Arbeit mußte zunächst von

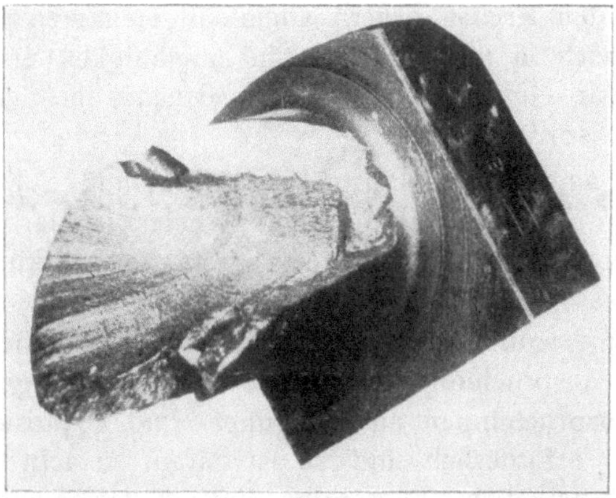

Bild 11. Ermüdungsbruch eines Kurbelwellenzapfens.

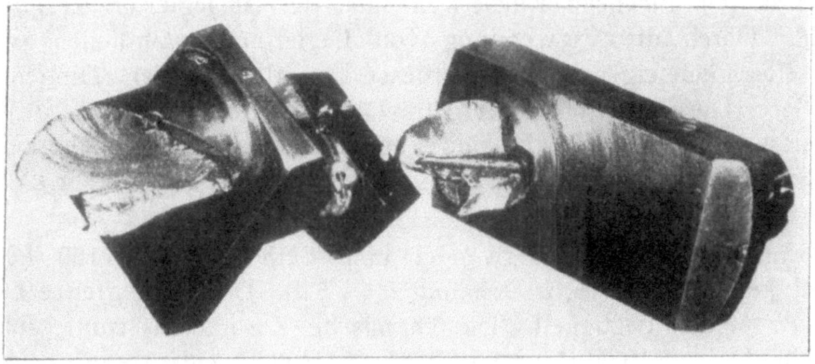

Bild 12. Dauerbruch infolge unsachgemäßer Oelbohrung.

Bild 13. Dauerbruch
durch ungenügende Ausrundung.

Bild 14. Dauerbruch
durch zu scharfe Nuten.

den umliegenden Kristallkörnern allein aufgenommen werden, die dadurch sehr rasch in ihrer Arbeitsaufnahmefähigkeit erschöpft wurden. Die Folge war ein Fortschreiten des Bruches in der Richtung der höchsten Beanspruchungen.

Wie die angeführten Beispiele zeigen, muß zur Erhöhung der Sicherheit der Kraftfahrzeuge immer wieder in der Praxis auf die durch die angeführten Fehler verursachte Kerbwirkung hingewiesen werden.

Da bei einer guten Kurbelwelle sowohl hohe Lebensdauer gegenüber Dauerbeanspruchung, wie große Sicherheit gegen Bruch durch Gewalt (Beanspruchungen aus Biegungs- und Explosionskräften oder Detonationen) erforderlich sind, so ist darauf zu achten, daß das verwendete Material auch die nötigen Festigkeitseigenschaften und insbesondere keine Fehlstellen infolge falscher Herstellung und Wärmebehandlung aufweist.

Das gebräuchliche Kurbelwellenmaterial ist legierter Vergütungsstahl. Durch die Verwendung von Legierungsbestandteilen werden die Festigkeitseigenschaften verbessert, und vor allen Dingen eine größere Durchhärtbarkeit erzielt. Dies ist besonders bei größeren Abmessungen wichtig, da eine gleichmäßige gute Kerbzähigkeit bei hoher Streckgrenze ohne Legierungsbestandteile wie Ni, Cr, V oder Mo nicht zu erreichen ist.

Für teure Wagen verwendet man Stähle mit 90—100 kg/mm² Festigkeit und 18—15 % Dehnung ($l = 5d$). Die Streckgrenze beträgt 75—85 % der Festigkeit. Die chemische Zusammensetzung soll ungefähr der von VCN 35 und VCN 45 (SAE 3340) entsprechen.

Für mittlere Gebrauchswagen verwendet man einen Stahl von 80—90 kg/mm² Festigkeit und 19—16 % Dehnung mit Mn, Ni oder Cr legiert.

Um die genannten Eigenschaften zu erreichen, ist schon bei der Stahlerzeugung eine strenge Ueberwachung notwendig. Die benötigten Rohstoffe, Roheisen, Schrott und Legierungsmetalle werden genau auf ihre Zusammensetzung geprüft. Das Einwiegen und das Gattieren muß besonders überwacht werden. Temperatur und Stromverbrauch werden registriert und die Gießtemperatur und Abkühlungsgeschwindigkeit der Stahlqualität entsprechend eingehalten.

In Deutschland werden die genannten Stähle meist in Elektroöfen erschmolzen, so daß sie bei sorgfältiger Behandlung ziemlich frei von Schlacken sind. Dies ist besonders für das Verhalten des Stahles bei

Dauerbeanspruchungen von großer Wichtigkeit, da Schlackeneinschlüsse Anlaß zur Rißbildung geben und mit fortschreitendem Lastwechsel zum Bruch führen können. Besonders muß die Bildung von Lunkern sowie von Gasblasen und Seigerungen*) beim Erstarren der Blöcke sorgfältig vermieden werden, da gerade diese Fehlstellen im Betriebe später Bruch verursachen können. Durch besondere Maßnahmen, wie richtige Gießgeschwindigkeit, Gießtemperatur und Abkühlung gelingt es, den größten Teil des Blockes frei von diesen Fehlstellen zu erhalten. Der den Lunker enthaltende Kopf des Blockes wird später entfernt. (Verlorener Kopf.)

Sind die Blöcke erkaltet, so wird auf der Drehbank die unreine Oberfläche beseitigt. Durch die nachfolgende Warmverarbeitung, wie Pressen, Walzen und Schmieden zu Knüppeln wird eine Verfeinerung des Kornes und damit eine Verbesserung der Festigkeitseigenschaften erreicht. Durch die beim Walzen und Schmieden erfolgte Streckung des Materials werden die im Rohguß annähernd gleichmäßig verteilten nichtmetallischen Einschlüsse in gestreckte Reihen gelagert. Hierdurch entsteht eine Art Faser im Gefüge des Stahles. Die Zähigkeit des Stahles quer zu dieser Faser ist geringer als längs zu ihr, und zwar um so geringer, je größer die Streckung war. Es ist daher bei der Formgebung darauf zu achten, daß die Streckung nach Möglichkeit in die Richtung der Beanspruchung fällt.

Das Ausgangsmaterial für die Kurbelwelle ist der Knüppel. Derselbe wird, wenn er gebeizt und auf Rißfreiheit untersucht ist, vor dem Schmieden im Gesenk über einem Sattel vorgebogen. (Bild 15).

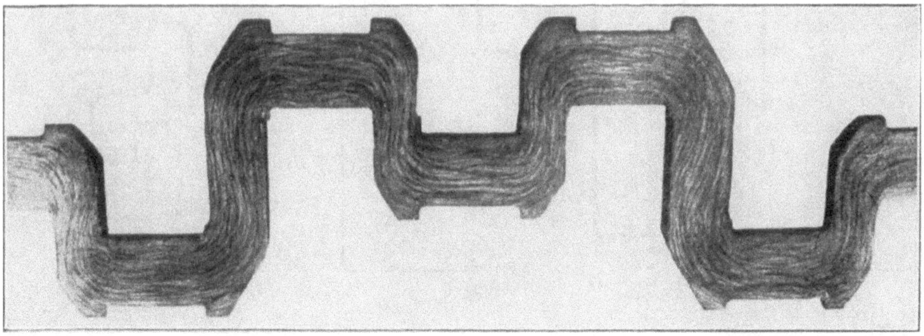

Bild 15. Richtiger Faserverlauf einer geschmiedeten Kurbelwelle.

*) Seigerung: Oertliche Phosphor- u. Schwefelanreicherungen.

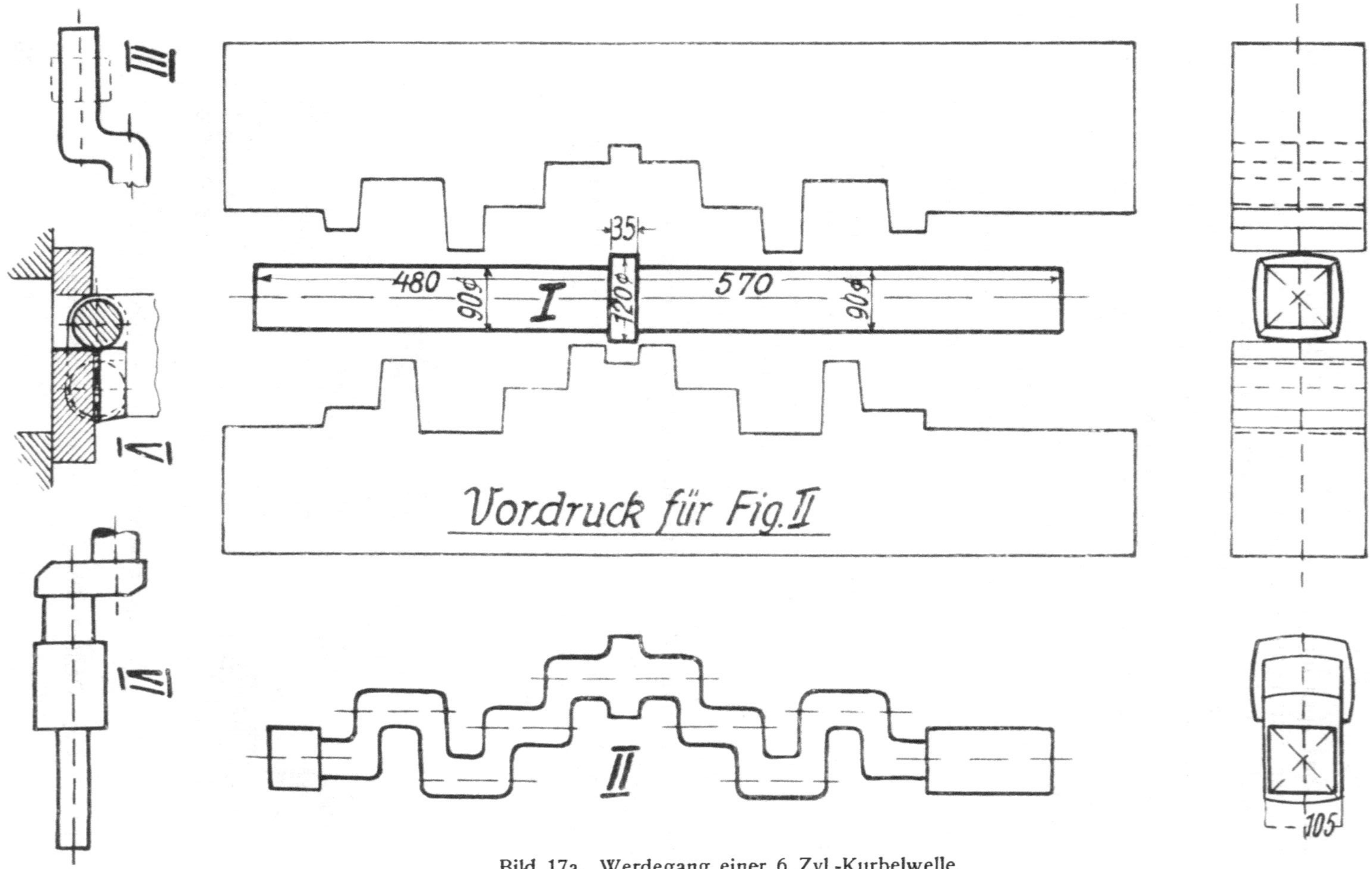

Bild 17a. Werdegang einer 6 Zyl.-Kurbelwelle.

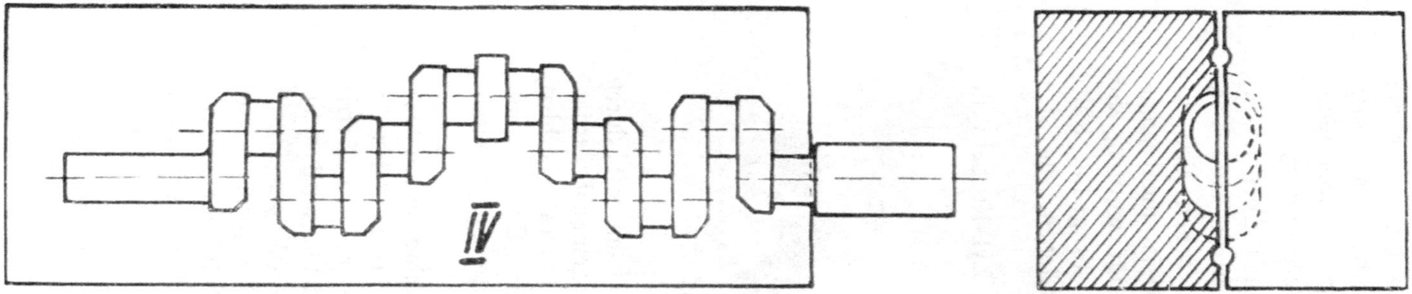

	Arbeitsgang
A	Vorsatzen 120 [illegible] 75 kg Knüppelform
B	Vorschmieden am 20 Ctr. Dampfhammer I
C	Vorbiegen an der 1500 ts Presse II
D	Anschmieden am 8 Ctr. Dampfhammer III
E	Pressen an der 1500 ts Presse IV
F	Abgraten an der 1000 ts Abgratpresse V
G	Zapfen anschmieden u. Flanschen 20 Ctr. Hammer VI
H	Flanschen an der 500 ts Presse VII
J	Verdrehen u. Richten a. d. 200 ts Richterpresse VIII
K	

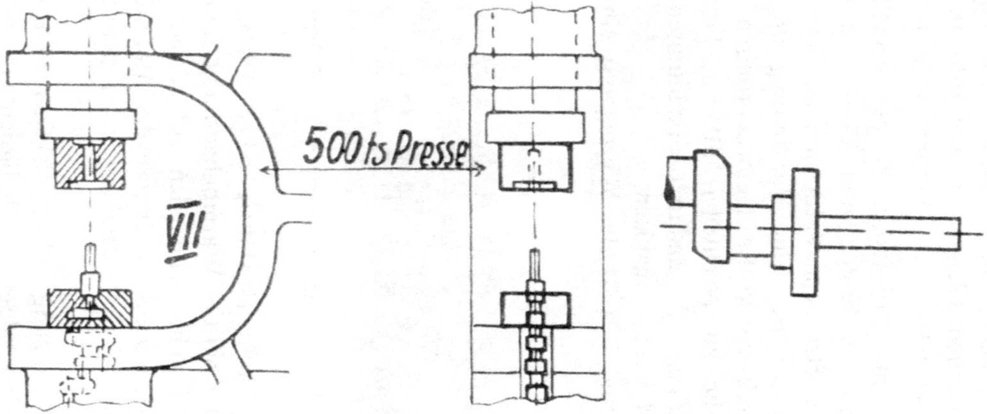

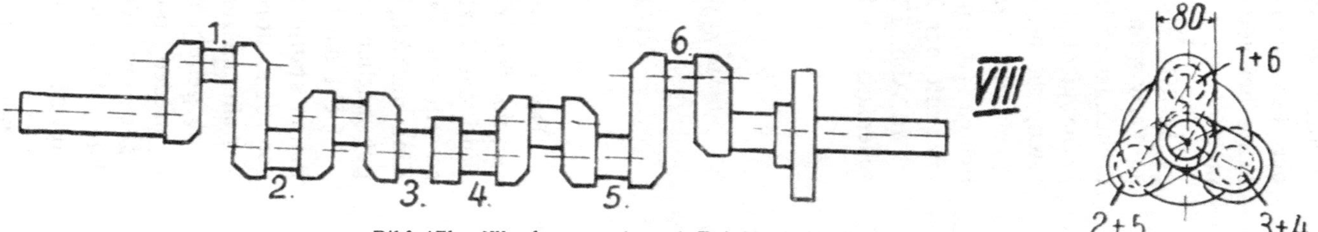

Bild 17b. Werdegang einer 6 Zyl.-Kurbelwelle.

Werden Wellen aus dem Vollen gearbeitet, so wird die Faser bei der Bearbeitung geschnitten. Dieses Verfahren wendet man noch heute bei verschiedenen Wellen an, wie Bild 16 zeigt, ist aber teuer und für die Beanspruchung wie betont, nicht besonders günstig.

Liegen Wellen mit Kröpfungen in den verschiedenen Ebenen vor, so verwendet man am besten zum Verdrehen der Welle eine Verdrehungsmaschine. Bei dem Verdrehen ist darauf zu sehen, daß die Welle nicht zu kalt wird. Eine Verdrehung über 90^{0} ist nicht anzuraten, da hierdurch zu große Deformierungen erzeugt werden, die später im Betriebe zu Nachteilen führen. Das nachträgliche Kaltrichten ist unzulässig, da dadurch Spannungen entstehen, die sich im Laufe der Zeit wieder auslösen.

In Abb. 17a und 17b ist der Werdegang einer 6 Zyl.-Kurbelwelle schematisch wiedergegeben.

Bild 16. 7 mal gelagerte 6 Zyl.-Scheibenwelle.

Doch größte Aufmerksamkeit beim Schmieden kann oft durch verschiedene Fehler bei der Warmbehandlung zunichte gemacht werden. Wird das Material beim Schmieden auf zu hohe Temperatur erhitzt, so tritt eine Oxydation bis ins Innere des Materials ein. Es verbrennt. Eine nachfolgende Warmbehandlung kann den Schaden nicht wieder gut machen.

Geht die Ueberhitzung jedoch nicht so weit, daß eine innere Oxydation stattfindet, so bildet sich lediglich ein grobes Gefüge, das sich von dem normalen durch die spießförmige Anordnung der Ferritkristalle auszeichnet (Bild 18). Durch einmaliges Härten wird dieses nicht genügend umgeformt, doch kann es durch sorgfältiges Durchschmieden oder durch Normalisieren*) vor dem Vergüten wieder regeneriert werden. Deshalb muß man jegliche Wärmebehandlung durch Pyrometer überwachen, denn solche Fehler können Ursache eines späteren Bruches sein. Bild 19 zeigt z. B. einen Dauerbruch,

*) Normalisieren, gleichmäßig Erhitzen auf eine Temperatur kurz oberhalb des Umwandlungspunktes und nachträgliches Erkaltenlassen in ruhiger Luft.

der noch deutlich das überhitzte grobkörnige Gefüge erkennen läßt, durch das derselbe sehr begünstigt wurde. Weitere Fehler beim Schmieden sind Falten oder Ueberschmiedung des Materials, was auf eine unrichtige Form des Rohlings oder des Gesenkes zurückzuführen ist. Auch bei dem Entgraten können durch die starke Wärmespannung zwischen dem erkalteten Grat und dem heißen Körper leicht Risse längs des Grates auftreten. Die fertiggeschmiedeten Wellen müssen daraufhin besonders untersucht werden. Ein gutes Stahlwerk, das auf Güte seiner Waren Wert legt, führt eine genaue Kontrolle in jeder Stufe der Wellenherstellung durch und stellt jede Welle, an der irgendeine Unregelmäßigkeit zu entdecken ist, von der

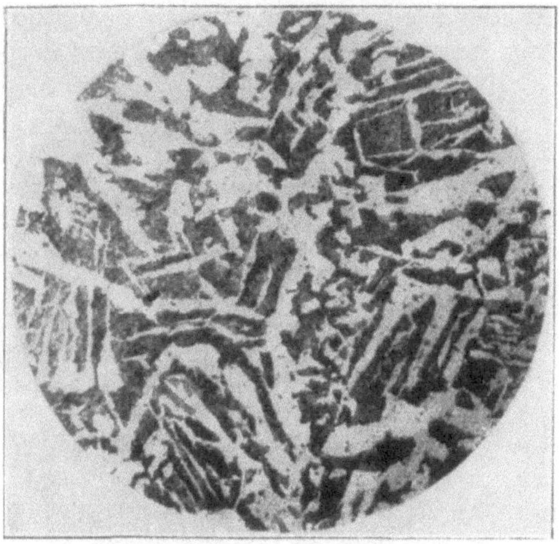

Bild 18. Widmannstätten'sche Struktur eines überhitztgeschmiedeten Stahles.

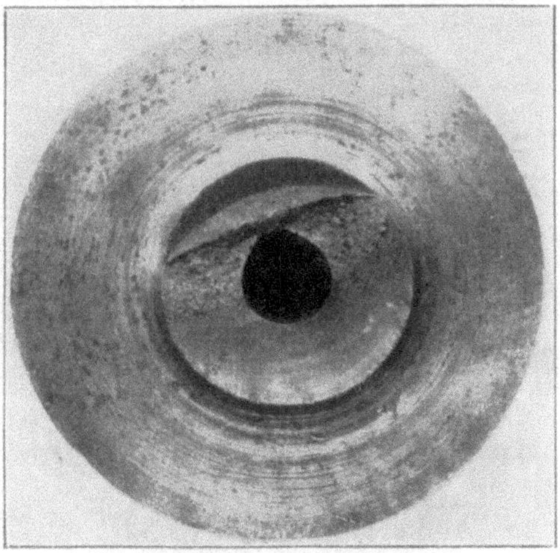

Bild 19. Dauerbruch, hervorgerufen durch überhitzte Schmiedung.

Weiterverarbeitung zurück. Nach dem Schmieden werden die hochwertigen Wellen normalisiert, um die Schmiedestruktur zu beseitigen. Die meisten Wellen werden jedoch sofort vergütet. Unter Vergüten versteht man ein Härten aus Temperaturen oberhalb des oberen Umwandlungspunktes mit nachfolgendem Anlassen, d. i. eine Wiedererhitzung auf Temperaturen unterhalb des unteren Umwandlungspunktes.

Durch Vergüten erreicht man die besten Festigkeitseigenschaften, die aus einem Stahl herauszuholen sind, d. h. hohe Festigkeit und Streckgrenze bei gleichzeitig hoher Dehnung und Zähigkeit.

Zur Vergütung werden die Stücke zunächst auf 820—850° erhitzt und darauf in Oel abgeschreckt. Durch die plötzliche Abkühlung wird das Ausscheiden der einzelnen Gefügebestandteile unterbunden, und man erhält ein nadeliges Gefüge, den Martensit (Bild 20), der sich durch außerordentliche Härte bzw. Festigkeit auszeichnet. Die Zähigkeit eines martensitischen Stahles ist dagegen sehr gering. Er wird deshalb nachträglich wieder auf 500—650° angelassen, je nach Eigenart des Stahles. Mit steigender Anlaßtemperatur verliert der Stahl an Festigkeit und gewinnt an Kerbzähigkeit und Dehnung. Der Martensit verändert sich beim Anlassen in Troostit und bei weiterem Anlassen in Sorbit, der als feinstes Gemenge die günstigsten mechanischen und Festigkeitseigenschaften besitzt (Bild 21). Er zeichnet

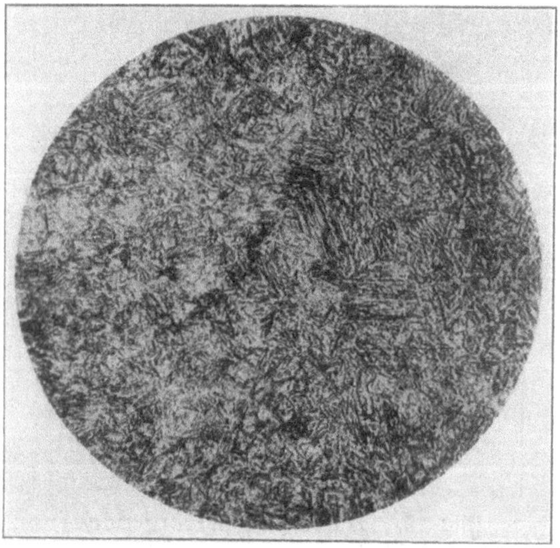

Bild 20. Härtegefüge eines gut gehärteten Konstruktionsstahles (Martensit).

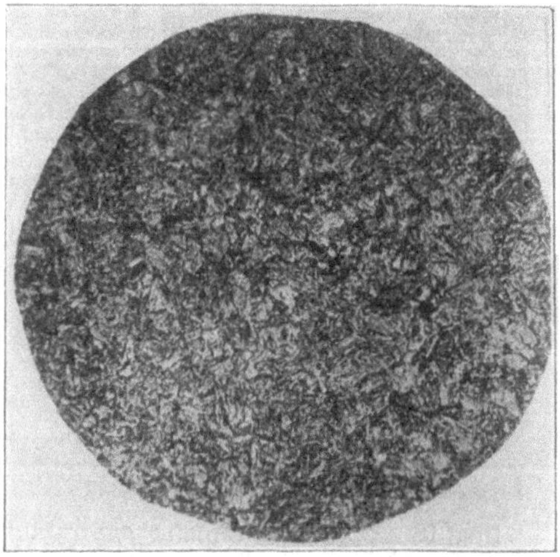

Bild 21. Vergütungsgefüge (Sorbit).

sich besonders durch hohe Streckgrenze bei gleichzeitig guter Kerbzähigkeit und Dehnung aus und ist gut bearbeitbar. Die Vergütung muß mit großer Sorgfalt durchgeführt werden, wenn der Gebrauchswert der Kurbelwelle nicht heruntergesetzt werden soll. Härtet man z. B. bei zu hoher Temperatur, so wird das Martensitgefüge sehr grob (Bild 22). Ein derartig gehärteter Stahl besitzt nach dem Anlassen schlechte physikalische Eigenschaften. Härtet man bei einer zu niedrigen Temperatur, so wird das Gefüge ungleichmäßig, und es entstehen Spannungen, die sich bei Dauerbeanspruchung recht ungünstig auswirken.

Das Anlassen der Welle richtet sich nach der gewünschten Festigkeit und Größe des Querschnittes. Läßt man bei zu geringer Temperatur an, so bleibt das Material zu hart und ist schwer zu bearbeiten. Wird dagegen die Anlaßtemperatur zu hoch, so ändert sich das Gefüge in Sorbit-Perlit (Bild 23). Damit sinkt das Verhältnis von Streckgrenze zu Festigkeit je nach Stahlart erheblich, so daß der Widerstand des Materials gegen Ermüdung äußerst gering ist.

Nach der Vergütung werden die Wellen mittels Brinellpresse auf ihre Härte bzw. Festigkeit an verschiedenen Stellen geprüft. Die Probe ist einfach und schnell auszuführen (Kugeldruckprobe).

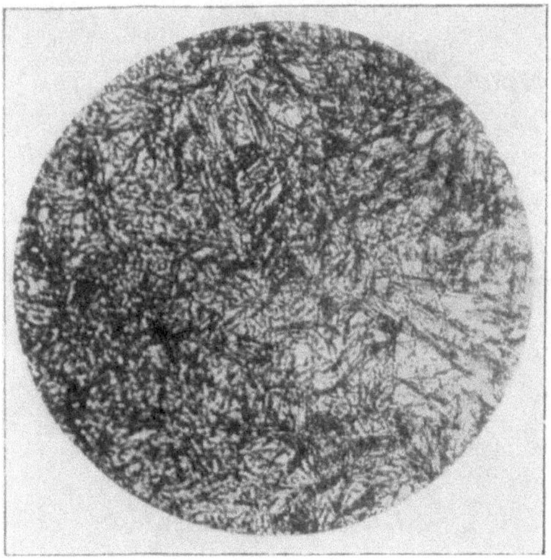

Bild 22. Gefüge eines zu hoch gehärteten Stahles (Grober Martensit).

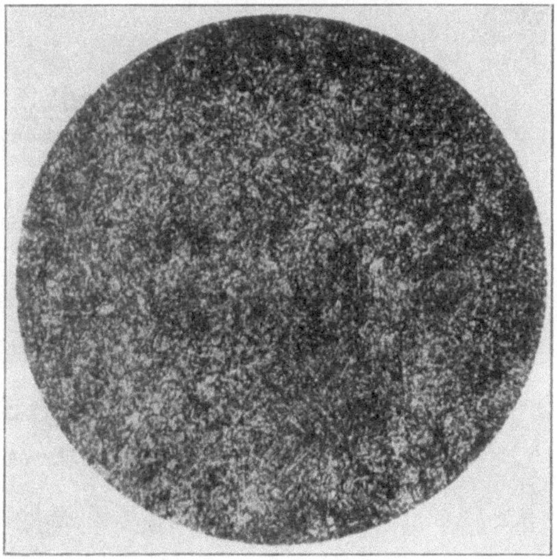

Bild 23. Gefüge eines zu hoch angelassenen Stahles (Sorbit-Perlit).

Will man über die Beschaffenheit des Materials weitere Schlüsse erhalten, so macht man stichprobenweise Zerreiß- und Kerbschlagproben.

Bei der Prüfung und Abnahme des Materials ist die Anwendung von Toleranzen üblich, da die Werkstoffe in ihren technischen Eigenschaften mehr oder minder große Streuungen aufweisen, die unvermeidlich sind. Die bei einem Stück bestimmter Form und Größe für den betreffenden Werkstoff gefundenen Festigkeits- und Zähigkeitswerte können durchaus nicht ohne weiteres für ein aus dem gleichen Werkstoff gefertigtes Stück anderer Form und Größe Geltung haben.

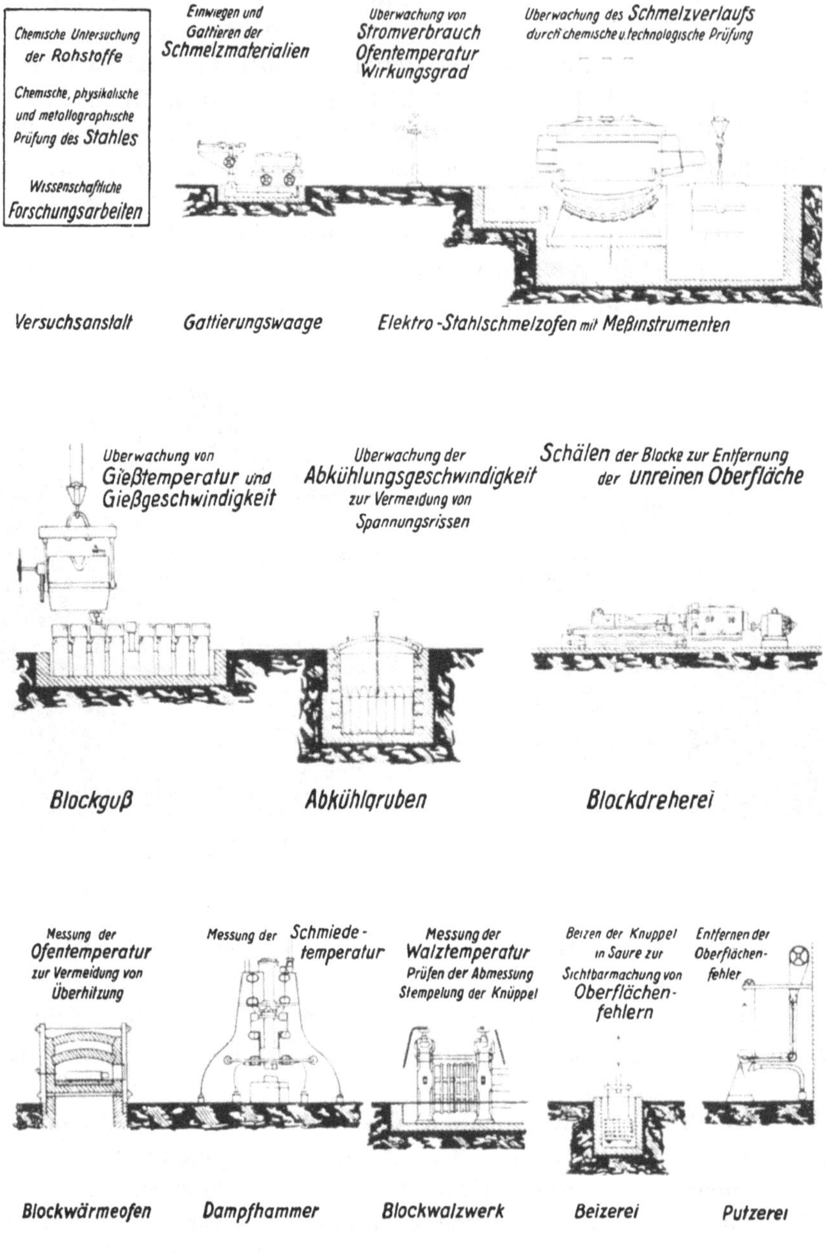

Bild 24.
Werdegang und Ueberwachung einer Kurbelwelle vom Ausgangsmaterial bis zum Beginn der mechanischen Bearbeitung.

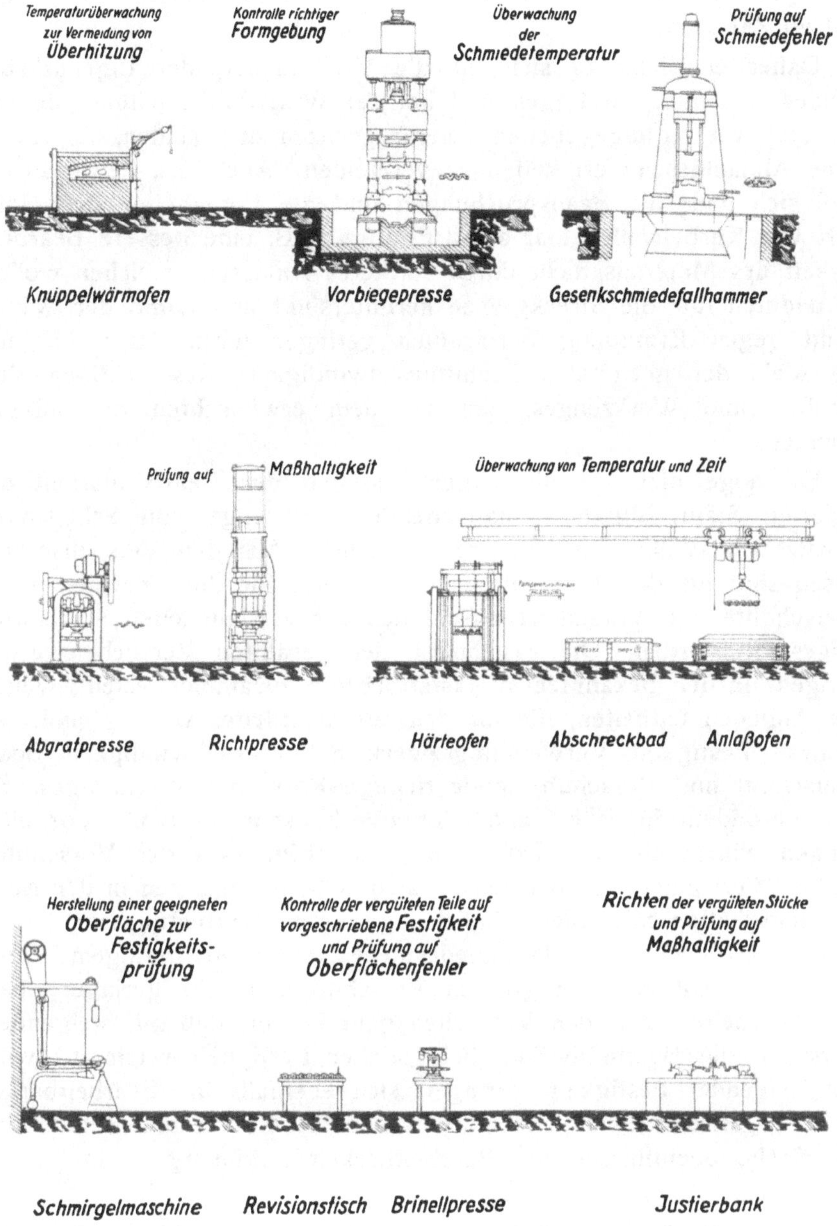

Bild 25.
Werdegang und Ueberwachung einer Kurbelwelle vom Ausgangsmaterial bis zum Beginn der mechanischen Bearbeitung.

Dies gilt vor allen Dingen hinsichtlich des Verhältnisses von Festigkeit zu Zähigkeit.

Daher empfiehlt es sich für die Verbraucher, der Eigenart des Stahles Rechnung zu tragen und bei der Werkstoffbestellung die von den Stahlwerken angegebenen Toleranzgrenzen zu beachten, um unliebsame Abnahmeschwierigkeiten zu vermeiden. Auch der Betriebsmann muß sich über die Beanspruchungen und die Eigenheiten des Materials von Kurbelwellen klar sein. Er darf z. B. eine bessere Bearbeitbarkeit des Materials nicht durch stärkeres Anlassen erreichen wollen, da dadurch nur die Streckgrenze heruntersinkt und damit der Widerstand gegen Ermüdung beträchtlich geringer wird. Hier hilft nur die Wahl der geeigneten Schnittgeschwindigkeit, des richtigen Vorschubes und Werkzeuges, um zu dem erwünschten Ergebnis zu kommen.

Es möge hier auf die Untersuchungen der Bearbeitbarkeit der legierten Stähle durch spanabhebende Werkzeuge von Schlesinger, Rapatz und Wallichs hingewiesen werden*). Aus den Versuchsergebnissen sind für die Praxis brauchbare Werte für die einzelnen Spanquerschnitte und Vorschübe hinsichtlich der verschiedenen Stahlsorten aufgestellt worden. Die Ergebnisse der gesamten Versuche wurden übrigens in den bekannten Werkstattblättern zusammengestellt, welche alle Angaben enthalten, die für den Werkstattleiter wichtig sind, wie Analyse, Festigkeit, Verwendungszweck, Schnittgeschwindigkeit, Spanquerschnitt und Vorschub, sowie richtige Form des Werkzeuges. Sie sind besonders für alle Kalkulationszwecke sehr wertvoll. Vor allen Dingen wurde hier auf Erforschung des Einflusses des Vorschubes großer Wert gelegt, da bei den meisten Arbeitsvorgängen in der Automobilfabrikation mit einer möglichst geringen Bearbeitungszugabe gearbeitet wird. Die Gesenkschmiedestücke werden mit geringem Uebermaß hergestellt und mit großem Vorschub und sehr geringer Spantiefe bearbeitet. Aus den Versuchen geht hervor, daß mit steigendem Vorschub die Bearbeitbarkeit bei gleicher Festigkeit verringert wird. Mit steigender Festigkeit verringert sich ebenfalls die Bearbeitbarkeit für den gleichen Spanquerschnitt. Hoher Ni-Gehalt und verzunderte Oberfläche beeinflussen die Bearbeitbarkeit ungünstig.

---

*) Literatur: Wallichs: Prüfung d. Bearbeitbarkeit d. leg. Stähle. Stahl-Eisen 1928, S. 38.

Rapatz: Bearbeitbarkeit mit schneidenden Werkzeugen. Stahl-Eisen. Bd. I. Reihe 6. S. 65./9. 1928.

Schlesinger: Bearbeitbarkeit v. Automobilstählen. Zeitschr. f. Masch.-Bau 1928

Bild 24, 25 und 25a veranschaulichen den Werdegang und die Ueberwachung einer Kurbelwelle vom Ausgangsmaterial bis zum Beginn der mechanischen Bearbeitung. Man erkennt, wie zahlreich die Kontrollen sind, die bei der Herstellung einer Kurbelwelle üblich sind.

ZUSAMMENFASSUNG.

Für die Kurbelwelle, die eins der wichtigsten Teile des Motors ist, muß ein Material mit hoher Schwingungsfestigkeit bei genügender

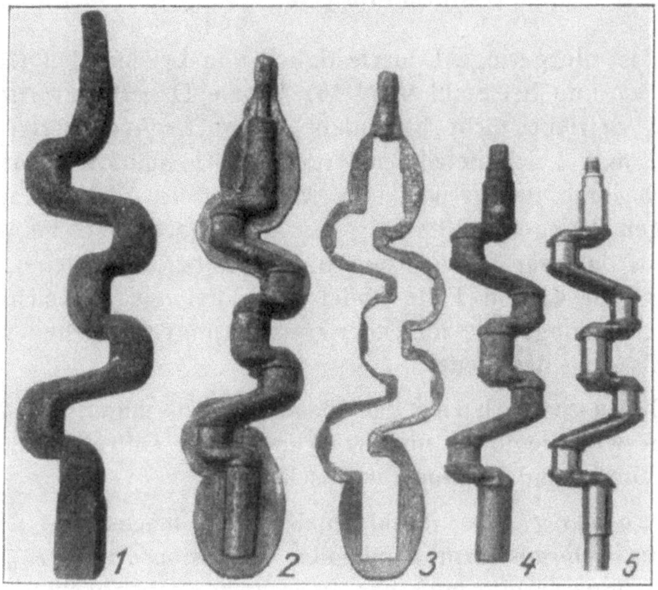

Abb. 25a. Einzelstadien aus der Herstellung der Kurbelwelle.

Dämpfung verwendet werden (VCN 35 oder Cr-Mo-Stahl). Bei der Herstellung muß in allen Stufen größte Sorgfalt angewendet werden, da auch kleine Fabrikationsfehler später im Getriebe zu unangenehmen Störungen führen können.

PLEUELSTANGEN.

Diese hochbeanspruchten Automobilteile, deren Aufgabe es ist, die hin- und hergehende Bewegung des Kolbens in die rotierende der Kurbelwelle umzuwandeln, wurden früher ausschließlich aus Stahl hergestellt. Die Entwicklung der Leichtmetallindustrie führte vielfach zur Einführung von Pleuelstangen aus Leichtmetall.

Die Verwendung von Duraluminium oder Elektron zwecks Gewichtserleichterung der hin- und hergehenden Teile hat den Nachteil, daß diese Leichtmetalle infolge ihres niedrigen Elastizitätsmoduls den Hauptbeanspruchungen der Pleuelstangen, der Knickung, nicht genügend Widerstand leisten. Hierbei kommt der vierte Eulersche Fall zur Anwendung, nämlich ein Stabende ist fest eingespannt, das andere frei beweglich.

$$\text{Knicklast } P_k = \frac{\pi^2 \cdot E \cdot I}{4 \cdot l^2}$$

Weiterhin ist die geringe Dauerfestigkeit von Leichtmetall (10 kg/mm² gegen 35 kg/mm² bei Stahl VCN 15) für die Dauerbeanspruchung der Pleuel im Betriebe nicht besonders geeignet. Aus diesen Gründen verwendet man Leichtmetallpleuel nur bei Kleinmotoren mit geringer Inanspruchnahme infolge kleinerer Massenkräfte. Bei höheren Beanspruchungen dagegen müßte man dem Pleuel schon solche Abmessungen geben, daß der Gewichtsvorteil gegenüber Stahlpleuel bald verloren ging. In diesem Falle findet dann der weitaus sichere Stahlpleuel Verwendung. Die folgenden Ausführungen beziehen sich daher größtenteils auf Stahlpleuel.

Die Beanspruchung der Pleuel ist sehr ungünstig, da sowohl Zug-Druck wie Biegungs- und Knickungskräfte auftreten, die dauernd ihre Art, Größe und Richtung wechseln.

Berechnung: Der Stahlpleuel wird zunächst auf Druck berechnet der sich aus dem maximalen Explosionsdruck P_{max} ergibt. Der Stangenquerschnitt muß der zulässigen Beanspruchung genügen.

$$k = \frac{P_{max}}{F}; \quad S = \frac{K}{k} = \sim 5$$

Hierin bedeutet:

K Druckfestigkeit
F Stangenquerschnitt
k zulässige Druckbeanspruchung.

Weiterhin ermittelt man die Zugbeanspruchung des Stangenquerschnittes, die hervorgerufen wird durch die Fliehkraft des Kolbens und 1/3 des Pleuels

$$\text{Fliehkraft} = \frac{G \cdot v^2}{g \cdot r}$$

$$k_z = \frac{P}{F}$$

Hierin bedeutet: G das Gewicht des Kolbens und 1/3 Pleuel
r den Kurbelradius
k_z die Zugfestigkeit.

Des weiteren berechnet man den Pleuelschaft auf Knickung. Man profiliert dabei zunächst den Querschnitt und bestimmt die Knicksicherheit S_k entweder nach dem Verfahren von Euler oder Tetmajer. Nach Euler wird gerechnet:

$$x = \frac{l}{i} = \frac{l}{\sqrt{\frac{I\,cm^4}{F\,cm^2}}}$$

I = Trägheitsmoment,
l = freie Länge des auf Knickung beanspruchten Stabes,
i = kleinster Trägheitshalbmesser.
Bei Stahl = 100; bei Leichtmetall = 73.

Man rechnet mit 5facher Sicherheit, da die Stange keine Zeit zum Ausknicken hat.

$$S_k = \frac{P_k}{P_{max}} \infty 5 \text{ fach}$$

Die Tetmajer'sche Formel für die verschiedenen Materialien ist:

f. Stahl: $P_K = F\text{cm}^2 \cdot 4000 \ (1-0{,}00926\,x^2)$
f. Dural: $P_K = F\text{cm}^2 \cdot 400 \ (1-0{,}2\,x^2)$
f. Elektron: $P_K = F\text{cm}^2 \cdot 3350 \ (1-0{,}00185\,x^2)$

Für Elektron oder Duralumin-Pleuel wählt man am besten einen Kreisring-Querschnitt, da bei diesem Querschnitt nur Bohr- und Dreharbeiten nötig sind, um alle Pleuel auf das gleiche Gewicht zu bringen, was für den Ausgleich der Massenkräfte äußerst wichtig ist. Da der runde Querschnitt gegen Knickungen nach allen Seiten dasselbe Widerstandsmoment hat, rechnet man mit dem vierten Eulerschen Fall.

$$P_k = \frac{\pi^2 EI}{4 \cdot l^2} \text{bei 8—6facher Sicherheit.}$$

Bei Stahlpleueln verwendet man meistens den I Querschnitt, um möglichst an Gewicht zu sparen. Bei diesem Querschnitt sind die Widerstandsmomente in der Bewegungsebene größer als senkrecht dazu. Zur Bestimmung des erforderlichen Trägheitsmomentes quer zur Bewegungsebene kommt der erste Eulersche Fall in Frage, beide Enden sind in ihrer Kraftrichtung frei beweglich. Das Widerstandsmoment senkrecht zur Bewegungsebene braucht daher nur ein Viertel desjenigen in der Bewegungsebene zu betragen.

$$\text{d. h. } P_k = \frac{\pi^2 \cdot E \cdot I}{l^2}$$

Bei der Pleuelberechnung ist mit folgenden Festigkeitswerten für das Material zu rechnen:

Stahl	60—80	kg/mm²	Festigkeit	$E = 2\,200\,000$ kg/cm²
Duralumin	40—45	„	„	$E = 700\,000$ „
Elektron	35—42	„	„	$E = 600\,000$ „

Die Pleuelstange muß nicht allein Biegungsbeanspruchungen und Knickungsbeanspruchungen, sondern auch Schwingungsbeanspruchungen genügenden Widerstand leisten. Da die Schwingungen meistens in der Ebene der Kurbelwelle auftreten, muß der Querschnitt bei I Profil ausreichende Breite haben und außerdem so hoch bemessen sein, wie es die Biegungskräfte bedingen, damit keine seitlichen Schwingungen der Pleuelstangen auftreten. Bei langen Pleuelstangen $\frac{L}{r} = 4{,}4—4{,}8$ macht man auch die Stange nach dem Kopfe zu konisch, um die durch das Peitschen der Pleuel hervorgerufenen Biegungsbeanspruchungen zu mindern und Schwingungen zu vermeiden.

Aus der Betrachtung geht hervor, daß die Pleuelstange infolge des dauernden Wechsels von Richtung und Größe der Kräfte und Schwingungen einer hohen Dauerbeanspruchung unterworfen ist. Das zu verwendende Material muß daher eine hohe Dauerfestigkeit besitzen. Schon allein aus diesem Grunde ist der Stahlpleuel dem Pleuel aus Leichtmetall vorzuziehen, da der Stahlpleuel eine 4mal so hohe Dauerfestigkeit (30—40 kg/mm² gegen 8—10 kg/mm²) besitzt. Die Dämpfungsfähigkeit von Leichtmetall steht in einem noch schlechteren Verhältnis.

Der beste und meist verwendete Stahl für Pleuel ist VCN 15 (SAE 3130) mit einer Festigkeit von 65—70 kg/mm² und einer Dehnung von 16—12 % ($l = 10\,d$).

PLEUELKOPF.

Beim Entwurf des Kurbelzapfenlagers der Pleuelstange ist darauf zu achten, daß die Lagerschale eine gleichmäßige Unterstützung erhält. Man macht daher das Auge so starr wie möglich und die Flansche beim Uebergang in den Pleuelkopf sehr breit, damit die Kräfte gleichmäßig übertragen werden. Die beiden Hälften des Pleuelstangenlagers sind ferner durch genügend breite Anschläge gut zu führen, da sonst der Lagerdeckel, der auf Zug beansprucht wird, die Kurbelzapfen seitlich einklemmt. Stahlpleuel werden entweder in Bronzeschalen gelagert oder in Weißmetallagern, die durch ein besonderes Schleuderverfahren ausgegossen werden, damit das Weißmetall an dem legierten Stahl haftet. Die Bronzelagerschalen werden bis 5 St.-PS mit zwei, bei größeren Motoren mit vier Kopfschrauben verbunden. Für die Schrauben wird zweckmäßig Material der Gruppe VCN 15 (SAE 3135) verwendet, da sonst die Schrauben den hohen Beanspruchungen aus Fliehkräften oder Explosionsdrücken nicht gewachsen sind. Um ein Abreißen der Pleuel beim Fressen der Kolben zu vermeiden, rechnet man bei den Schrauben mit 5—6facher Sicherheit.

Bei hochwertigen Wagen trifft man des öfteren Pleuelköpfe mit Rollenlagern, da dieselben hohe Drücke aufnehmen können und niedrige Reibungsziffern aufweisen. In diesem Fall ist wegen der Montage die Welle und nicht das Rollenlager geteilt auszuführen, da die geteilten Rollenlager sich leicht verziehen.

Das Lager am Kolbenende der Pleuelstange muß kurz sein und einen großen Durchmesser haben, damit es genügend steif ist und die Büchse gleichmäßig abgestützt wird. Die Breite des Lagers soll nicht wesentlich größer sein als der Bolzendurchmesser.

Zusammenfassung. Die Ausführungen zeigen, daß eine gute Pleuelstange genügend steif sein muß, um Durchbiegung und Schwingungen zu vermeiden. Das zu verwendende Material soll eine hohe Dauerfestigkeit besitzen. (VCN 15) (SAE 3130).

DER KOLBEN.

Ein gut laufender Kolben ist eine der Hauptforderung, die an das Triebwerk eines Fahrzeuges gestellt werden. Bei Kolben ist für einwandfreies Arbeiten in dynamischer Hinsicht ein möglichst geringes Gewicht anzustreben.

Eine der Hauptforderungen für einwandfreies Arbeiten eines Kolbens in dynamischer Hinsicht ist das geringe Gewicht. Durch leichtes Triebwerk wird der mechanische Wirkungsgrad erheblich verbessert, der Drehzahl- und Geschwindigkeitsbereich vergrößert. Ein weiterer Vorteil der geringen Massenkräfte durch die leichteren Kolben sind die geringeren Lagerdrücke und Kurbelwellenbiegungen, sowie kleinere Pleuelbeanspruchungen. Der Motor läuft hierdurch wesentlich ruhiger und vibrationsfreier.

Neben diesen dynamischen Vorteilen kommt noch der wirtschaftliche Vorteil des geringen Brennstoffverbrauchs, der sich aus der verringerten Reibung der leichten Kolben ergibt, hinzu.

THERMISCHE BETRACHTUNGEN.

Der Kolben gehört zu den nur mittelbar gekühlten Teilen des Motors, die Wärmeabfuhr ist ungünstig, da die Kühlung durch die Zylinderwand, von dem er durch eine Oelschicht und durch Kolbenspiel getrennt ist, vor sich gehen muß. Die größte Wärme aus den heißen Verbrennungsgasen nimmt der mittlere Teil des Kolbenbodens auf, da er von der gekühlten Zylinderwandung am weitesten entfernt ist. Bei schlechter Wärmeableitung erhitzt er sich bis zur Rotglut, deren Folgen Fehlzündungen und verminderte Sicherheit des Kolbens, sowie starke Oelkohlenbildung des Schleuderöls der Schmierung auf

Bild 26. Graugußkolben.

Bild 26a. Leichtmetallkolben.

Kolbeninnenseite ist (starker Oelverbrauch). Die Verbrennungstemperaturen müssen durch Verkleinerung der Füllung und der Verdichtung vermindert werden, d. h. der Wärmezustand des ganzen Motors und damit der thermo-dynamische Wirkungsgrad wird hierdurch herabgesetzt.

Durch eine wirksame Ableitung der Wärme aus den Kolbenteilen mittels ausreichend großen Gußquerschnittes (starker Kolbenboden und Schaft) und durch hohe Wärmeleitfähigkeit des Kolbenmaterials kann man die Kolbentemperatur wesentlich erniedrigen.

KOLBENBAUSTOFFE.

Hohe Wärmeleitfähigkeit und gute Wärmeaufnahme hängen von der Legierung und Herstellungsart des Baustoffes ab. Die Hauptkolbenbaustoffe sind: Grauguß und Aluminium- oder Magnesium-Legierungen (vgl. Bild 26, 26a). Während man früher lediglich Graugußkolben verwandte, ist man heute allgemein zu Leichtmetallkolben übergegangen, da die letzteren sich nicht allein durch ihr weitaus geringeres Gewicht gegenüber Grauguß ($\gamma = 7{,}5$ bei Grauguß, $\gamma = 1{,}8$ bei Leichtmetall), sondern vor allen Dingen durch ihre thermischen Eigenschaften, nämlich vorzügliche Wärmeleitfähigkeit und geringe Wärmeaufnahme, auszeichnen. Aluminium leitet die Wärme 3mal besser als Gußeisen, die Wärmeaufnahme ist 30 % niedriger als bei Gußeisen.

Diese hochwertige Doppeleigenschaft der Leichtmetalle ergibt eine gleichmäßige und zugleich niedrige Betriebstemperatur und dadurch die Möglichkeit, größere Füllung und höhere Verdichtung anzuwenden. Das Ergebnis ist bedeutende Mehrleistung, Brennstoffersparnis, Abnahme der Kühlwasserwärme und viel geringere Abgastemperaturen. Der Schmierölverbrauch ist rund die Hälfte des Verbrauches gußeiserner Kolben, da das Oel, welches gegen den stark erhitzten gußeisernen Kolbenboden geschleudert wird, zum größten Teil verdampft. Dies erkennt man in diesem Falle deutlich an den Oelschwaden, die aus den Entlüftern des Kurbelgehäuses entweichen.

DIE LAUFEIGENSCHAFTEN DES KOLBENS.

Die Kolben sind infolge ihrer auf- und abgleitenden Bewegung längs den Zylinderwänden einer erheblichen Abnutzung unterworfen. Es hat sich gezeigt, daß an weichen Aluminium-Kolben die oberen Teile im Betrieb das sogenannte Schmieren, d. h. Neigung des Materials zum fließen aufweisen und stark abgenutzt werden, sobald das Schmieröl zwischen Kolbenschaft und Zylinderfläche wärmer wird und dadurch seine Zähflüssigkeit verliert. Bei den weit härteren Gußeisenkolben ließ sich dagegen eine namhafte Abnutzung nicht feststellen. Daraus ging hervor, daß diejenigen Kolben die besten Laufeigenschaften hatten, welche an ihrer Kolbengleitfläche die größte Kugeldruckhärte besaßen. Es gelang jedoch durch langwierige Versuche auch Aluminium- und Magnesiumlegierungen mit einer Kugeldruckhärte von rund 110 Brinell herzustellen.

Für den richtigen Kolbenlauf ist eine geeignete Härte der Zylinderlaufbahn sehr wichtig. Die Zylinderlaufbahn soll eine Brinellhärte von 250 haben. Die Laufbahn muß geschliffen, poliert und vorher genügend ausgeglüht werden. Zuweilen wird die Oberfläche des Zylinderinnern, die aus Sonderguß hergestellt wird, nitriert, damit die nötige Härte für einen guten Lauf der Kolben vorhanden ist. Die

Einlaufzeit ist für Leichtmetallkolben länger als für Graugußkolben. Man fahre daher die ersten 100 km mit niedrigerer Belastung und Geschwindigkeit (45 km), damit sich auf der Lauffläche ein sogenannter Laufspiegel bilden kann.

Sehr wichtig ist die Reinigung der Ansaugluft und des Schmieröls, damit die Laufbahn nicht durch Straßenstaub oder sonstige Verunreinigungen verschrammt wird.

KONSTRUKTIVE EINZELHEITEN DES KOLBENS.

Je einfacher die Form des Kolbens, um so bessere Leistungswerte werden erzielt. Also möglichst überflüssige Rippen und Versteifungen vermeiden. Der Kolbenboden muß bei Leichtmetallkolben wegen besserer Wärmeleitfähigkeit wenigstens 7—10 mm stark bemessen sein. Die Schaftlänge des Kolbens soll bei Personenwagen das 1,2 bis 1,3fache und bei Lastwagen das 1,5—1,6fache des Kolbendurchmessers betragen, um ein Kanten der Kolben um die Kolbenbolzenachse zu verhindern.

Die Kolbenringe müssen unbedingt gut tragen, damit der Verbrennungsraum gegen die Lauffläche genügend abgedichtet ist und Störungen vermieden werden. Bei Leichtmetallkolben sind die Ringe möglichst niedrig, aber nicht zu dünn zu wählen, damit das Ausschlagen der Ringnuten verhütet wird. Der Ringdruck auf die Flanken der Ringnuten ist proportional der Ringhöhe. Als günstigste Ringanzahl hat sich bei Personen- und Lastwagen 3—4 ergeben. Die Kolbenringe sollen alle oberhalb des Kolbenbolzens angebracht werden. In der oberen Ringnute sitzt ein besonders gut die Kompression haltender Ring; er darf aber nicht über das obere Ende der Zylindergleitbahn überschleifen, damit er nicht die Führung verliert. Der untere Ring ist meistens ein Spezialölring, der zu starken Oelzutritt zum Verbrennungsraum verhindert und andererseits die Verdünnung des Schmieröls im Gehäuse durch Kondensation von Gas und Luft verhindert. Die Ringe sollen sich bei Schütteln des Kolbens frei in ihren Nuten bewegen können. Die Führung der Ringe soll nicht durch die Nuten, sondern durch die Zylinderwandungen geschehen.

Der geeignetste Baustoff der Ringe ist hochwertiges Gußeisen. Die Ringe werden genau geschliffen und anschließend poliert. Die meisten Kolben werden mit geschlitzter Leitfläche ausgeführt. Schlitzbreite 0,05 mm (s. Nelsonkolben), um die größere Ausdehnung des Kolbens am oberen Teil der Lauffläche (am Kolbenbolzen) auszugleichen (Schaftfederung).

DAS KOLBENSPIEL.

Mit steigender Betriebstemperatur im Kolben und Zylinder macht sich eine Ausdehnung des Kolbens bemerkbar. Wenn derselbe mit zu geringer Durchmessertoleranz eingebaut ist, kann es zum Festsitzen oder Pressen des Kolbens führen. Besonders bei Leichtmetallkolben treten diese Schwierigkeiten in verstärktem Maße auf, da sich Leichtmetall bei gleicher Temperatur ungefähr doppelt so stark ausdehnt wie Gußeisen. Durch Versuche hat man festgestellt, daß die erstangewendeten Leichtmetallkolben zum mindesten ein Spiel von 0,03—0,05 D (D = Zylinderdurchmesser) haben müssen, um einen unempfindlichen Kolbenlauf zu garantieren. Bei diesem ziemlich beträchtlichen Spiel neigen jedoch die Kolben, besonders im kalten Zustand, zu lautem Klappern und dadurch zum Verschrammen der Lauffläche.

Bild 27. Nelson-Bonalite-Kolben.

Man versucht dieses Uebel durch kombinierte Kolben, das sind Kolben, deren gußeiserner Schaft an den oberen Teil des Leichtmetallkolbens angeschraubt wird, zu beheben. Durch längere Versuche ist es neuerdings gelungen, ein wirklich brauchbares Ergebnis in den bewährten Nelson-Bonalite-Kolben zu schaffen. Der Nelson-Kolben ist ein Leichtmetallkolben mit einer Invarstahlbrücke (Invarstahl 35—36 % Ni), welche quer durch die Kolbenaugen eingegossen und die Ausdehnung und Zusammenziehung auf ein Minimum beschränkt (Bild 27). Der obere Teil des Kolbens (Kolbenkopf) ist mit dem unteren Teil des Kolbens (Schaftende) durch eine über die Augen sich fortsetzende Leichtmetallbrücke verbunden. Die Wärme wird über die Brücke zu dem Kolbenmantel abgeführt. Da der Wärmeausdehnungskoeffizient von Invarstahl außerordentlich gering ist, ist die Ausdehnung des Kolbens kaum meßbar, so daß ein Nelsonkolben mit dem halben Graugußkolbenspiel eingebaut werden kann, ohne zum Festsitzen oder Fressen zu neigen. Ein Kolben mit 90 mm Φ kann mit 0,04 mm Spiel eingebaut werden. Ein Klappern sogar im kalten Zustand ist bei dieser Toleranz nicht mehr möglich.

HERSTELLUNG.

Die Leichtmetallkolben werden entweder in stehenden Kokillen mit Eisenkernen gegossen oder in Matrizen gepreßt. Durch geeignetes Fließ- und Preßverfahren (stärkeres oder schwächeres Pressen) und durch nachträgliche Wärmebehandlung (auf 500° erhitzen und dann abschrecken in Wasser) kann man bis zu 150 Brinellhärten erzielen. Für die Fertigbearbeitung ist die Möglichkeit, große Schnittgeschwindigkeiten anzuwenden, von besonderem Vorteil, da hierdurch die Herstellung wesentlich verbilligt wird.

ZUSAMMENFASSUNG.

Der ideale Kolben ist ein kombinierter Leichtmetall-Stahlkolben, Bauart Nelson. Er zeichnet sich aus:

Durch geringes Gewicht; Vorteil großer mechanischer Wirkungsgrad infolge geringer Massenkräfte, geringer Beanspruchung der Lager, geringerer Reibung und vibrationslosen Laufes.

Durch gute Wärmeleitfähigkeit und geringe Wärmeaufnahme. Vorteil guter thermischer Wirkungsgrad infolge der Möglichkeit, größere Füllungen und höhere Verdichtung zu verwenden, was wiederum Mehrleistung, Brennstoffersparnis und geringen Oelverbrauch ergibt.

Durch geringe Wärmeausdehnung: Vorteil, kein Klappern der Kolben durch geringe Toleranz.

Hohe Festigkeit: 150 Brinell, lange Lebensdauer und gute Laufeigenschaften.

Billige Herstellung: gegossen oder gepreßt, hohe Schnittgeschwindigkeiten bei der Bearbeitung möglich.

DER KOLBENBOLZEN.

Der Kolbenbolzen soll gut und ausreichend in halber Höhe der führenden Kolbenfläche gelagert werden und genügend steif sein, damit er sich nicht durchbiegt. Eine Durchbiegung verursacht nämlich übermäßig hohe Drücke in den Lagern der Bolzen und führt zum Fressen desselben an seinen Lagerstellen. Wird der ziemlich hohe

Druck auf den Kolbenbolzen aus Explosions- und Fliehkräften gleichmäßig über die ganze Lagerfläche verteilt, so ist die mittlere Belastung nicht zu hoch, da ja die Gleitgeschwindigkeit sehr niedrig ist. Die Last vom Kolbenboden wird von zwei Augen auf den Kolbenbolzen übertragen. Es ist darauf zu achten, daß die Verbindung der Augen mit dem Kolbenmantel sehr stark ist, damit sich der Kolbenbolzen nicht an seinen äußeren Enden durchbiegt.

Für die Lagerung des Kolbenbolzens im Kolben bzw. Schubstangenkopf hat man folgende Arten:

1. Festsitz des Bolzens in den Kolbenaugen und Laufsitz im Schubstangenkopf.
2. Laufsitz des Bolzens in den Kolbenaugen und Schubstangenkopf (Kolbenbolzen ist frei drehbar und axial verschiebbar).
3. Laufsitz des Bolzens in den Kolbenaugen und Festsitz im Schubstangenkopf. Der Kolbenbolzen wird durch eine Klemmschraube in die Pleuelstange eingeklemmt und dadurch gleichzeitig axial festgehalten. Seitliches Spiel der Pleuel im Kolben ungefähr 1 mm.

Die letztgenannte Bolzenlagerung ist die gebräuchlichste, da die Kolbenaugen den Formänderungen des Kolbenschaftes zwanglos folgen können.

BERECHNUNG.

Der Durchmesser des Bolzens, der zwecks größeren Widerstandmomentes und besserer Steifheit und Gewichtserleichterung hohl ausgeführt wird, errechnet sich aus der maximalen Biegungskraft M_{max}, aus P_{max}, dem maximalen Explosionsdruck und aus dem zulässigen Flächendruck im Kolbenauge.

$$M_{max} = \frac{P \cdot L}{8}; \quad L = \text{Abstand der Kolbenaugen.}$$

Das Widerstandsmoment muß M_{max} genügen. (Den hin- und hergehenden Teilen gebe man keine Ueberbemessung; tragende Länge $= 1{,}2\,d$; $d =$ Durchmesser). Man rechnet mit 5facher Sicherheit. Aus der Formel für

$$\text{zulässige Flächenpressung im Kolbenauge} = \frac{P_{max}}{\text{Flächenprojektion der Augen}}$$

ergibt sich (bei 30—32 kg/cm² Explosionsdruck) bei Leichtmetallkolben 180—200 kg/cm², bei gußeisernen Kolben 220—240 kg/cm². (Im Pleuellager 250—340 kg/cm².)

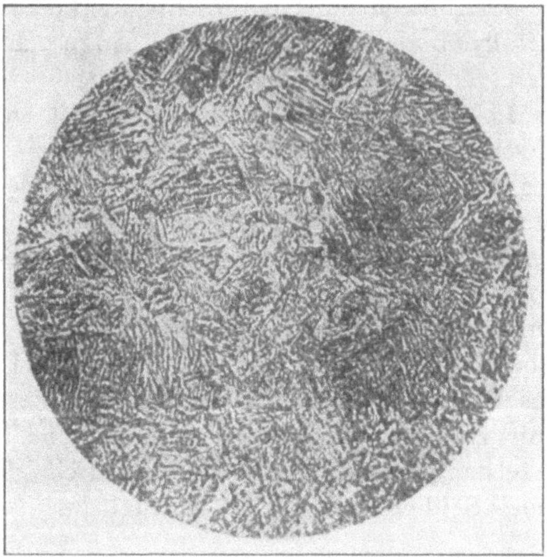

Bild 28. Kerngefüge eines gehärteten Einsatzstahles (St C 1661).

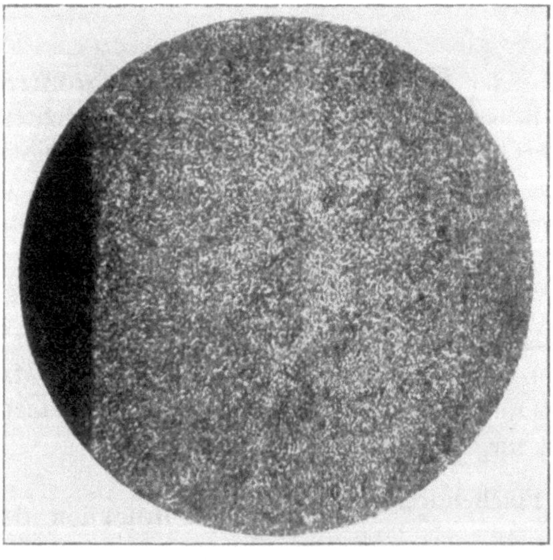

Bild 29. Randgefüge eines gut gehärteten Einsatzstahles.

Die Dauerbeanspruchung und Flächenpressungen, die für den Kolbenbolzen im Betrieb auftreten, erfordern ein Material mit hoher Dauerfestigkeit und verschleißfester Oberfläche. Man verwendet daher am besten einen Einsatzstahl z. B. St C 1661 mit einem C-Gehalt von 0,10—0,17 % (SAE 1015). Die Wandstärke des Bolzens soll nicht schwächer als 3 mm sein, damit bei einer Tiefe der Einsatzschicht von 1 mm noch genügend zäher Kern übrig bleibt, ein Umstand, der bei den harten Explosionsschlägen äußerst wichtig ist. Bei der Einsatzbehandlung selbst können recht viele Fehler auftreten. Von einem im Einsatz gehärteten Stück verlangt man eine glasharte Oberfläche und

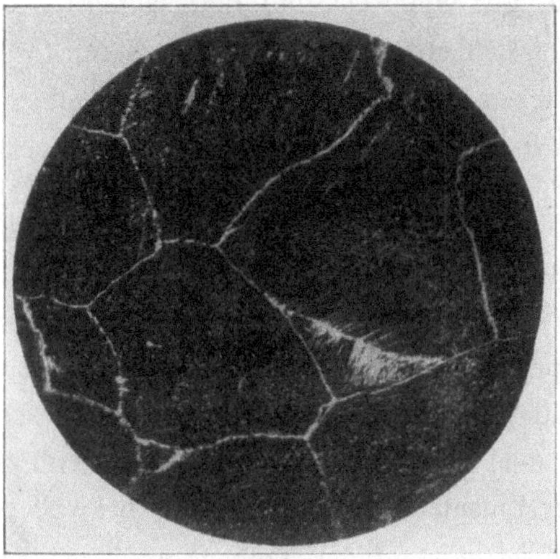

Bild 30. Freier Zementit in der Randzone durch zu scharfes Einsetzen.

einen zähen Kern. Bild 28 zeigt das Kerngefüge (Ferrit-Martensit) und Bild 29 das Randgefüge (feinnadligen Martensit) eines gut behandelten Einsatzstückes. Ist die Einsatztemperatur zu hoch oder das Einsatzpulver zu scharf gewesen, so ist der C-Gehalt übereutektoid (mehr als 0,9 %). Es entsteht freier Zementit (Bild 30), der Spannungen hervorruft und die Einsatzschicht spröde macht. Ein zu hoher *P*- oder *S*-Gehalt des Härtepulvers macht die Einsatzschicht ebenfalls spröde. Die Folge ist ein Abblättern der Einsatzschicht und Zerstören des ganzen Bolzens.

Durch Einhalten der richtigen Einsatztemperatur, ungefähr 880°, erzielt man einen allmählichen Uebergang des Randgefüges zum

Kern. Im andern Falle haftet die Einsatzschicht schlecht und springt nachher im Betriebe leicht ab. Bei Verwendung von neuem und gebrauchtem Einsatzpulver schlechter Durchmischung ist die Kohlenstoffaufnahme ungleichmäßig. Die Oberfläche des Einsatzstückes weist weiche Stellen auf, die sich später im Betriebe schnell abnutzen.

Auch Rost oder sonstige Verunreinigungen auf der Oberfläche des Materials vermindern die C-Aufnahme. Die Einsatztiefe richtet sich nach der Dauer der Einsatzzeit und soll bei Kolbenbolzen rund 0,8—1 mm betragen. In dem folgenden sind einige wichtige Regeln für eine gute Einsatzbehandlung aufgeführt.

1. Teile vorher gut von Rost und Fett säubern.
2. Stellen, die weich bleiben sollen, gut isolieren (Lehm, verkupfern).
3. Beim Einpacken in Kästen genügend Abstand zwischen den einzelnen Teilen halten.
4. Gutes Einsatzpulver verwenden und gut einstampfen.
5. Die Kästen den Einsatzstücken anpassen und sie nicht zu dicht aneinanderstellen.
6. Die Kästen gut abdichten.
7. Einsatztemperatur auch im Innern der Kästen überwachen.
8. Prüfstäbe zur Ueberwachung des Einsatzprozesses benutzen.
9. Einhaltung der Härtevorschrift nach DIN KrG 601.
10. Prüfung der Einsatzhärte durch Feile, Rockwell oder Skleroskop.

Nach dem Einsetzen wird der Kolbenbolzen an den Ecken gut abgerundet, geschliffen und poliert (geläppt), da saubere Oberfläche beste Schmierung ergibt. Bei dem Schleifen muß besonders beachtet werden, daß der Vorschub nicht zu stark ist und die Scheibe selbst nicht zu grobkörnig, da die Einsatzschicht gegen die dabei auftretenden Wärmespannungen sehr empfindlich ist und leicht zu feinen Haarrissen neigt. Die Bolzenbuchsen sollen ebenfalls eine äußerst blanke Lauffläche erhalten und sind daher nachträglich mit der Ziehnadel auszuräumen.

ZUSAMMENFASSUNG.

Soll die Lebensdauer eines Kolbenbolzens lang sein, so muß der Bolzen genügend steif (großer Ringquerschnitt), gut gelagert und frei drehbar sein, sowie eine gute Einsatzbehandlung erfahren haben.

DIE NOCKENWELLE.

Die Aufgabe der Nockenwelle ist die Steuerung der Ventile (Bild 31). Sie dreht sich bei allen Viertaktmotoren mit der halben Kurbelwellengeschwindigkeit und wird entweder durch Zahnräder oder durch eine nachstellbare Kette von der Kurbelwelle aus angetrieben. Die Zahnräder erhalten Schrägverzahnung, um das Geräusch zu vermindern.

Um bei jeder Drehzahl eine gute Füllung und somit eine hohe Leistung zu erlangen (10 % Füllungssteigerung ergibt 18 % Leistungs-

Bild 31. Untenliegende Nockenwelle.

erhöhung), muß das Ventil möglichst rasch geöffnet, lange offen gehalten und kurz geschlossen werden. Es ist jedoch darauf zu achten, daß die Uebergänge für Beschleunigung und Verzögerung so sanft wie möglich sind, damit möglichst ein schlagfreies Arbeiten der Ventile gewährleistet wird.

Die Form der Nocken hängt ab von dem Ventilhub, den Ventilzeiten, der Art der Uebertragungselemente, der Größe des Laufkreises und der Tourenzahl.

Der Ventilhub richtet sich nach der mittleren Gasgeschwindigkeit bei voller Eröffnung. Damit bei den heutigen Gebrauchsmotoren, deren Betriebszahlen zwischen 600 und 3500 Umdrehungen in der Minute liegen, auch im niedrigeren Drehzahlbereich die Füllung ausreichend ist, muß neben einer guten Vorwärmung des Gemisches die Gasgeschwindigkeit im Saugrohr und Ventilquerschnitt wegen Gemischzerfalles ziemlich hoch sein. Sie überschreitet oft 110 m/sec. bei den neuesten Konstruktionen. Um diese hohe Gasgeschwindigkeit zu erreichen, müssen die Saugrohre und Ventilquerschnitte so klein gehalten werden, daß gerade die Gase noch frei hindurchtreten können. Die Gasgeschwindigkeiten verhalten sich nämlich umgekehrt wie die Leitungsquerschnitte. Ein weiterer Vorteil kleiner Ventile besteht auch darin, daß die Gaskräfte (4—5 Atm.), die beim Anheben des Ventiles in Bewegung sind, sich infolge der kleineren Oberfläche verringern. Der Ventilhub kann ebenfalls bei großer Gasgeschwindigkeit kleiner bemessen werden, so daß die Beschleunigungskräfte der vom Nocken bewegten Ventilsteuermassen erheblich heruntergesetzt werden.

Die Vor- und Nachöffnungswinkel der Ventilbetätigung bezogen auf die Kurbelwelle sind meistens Erfahrungswerte. Ihre Größe hängt ab von der Drehzahl, d. h. je nachdem der Motor ein Schnell- oder Langsamläufer ist.

Im folgenden seien einige Ventilzeiten für normaltourige Motoren (n = 2700 — 3000) wiedergegeben.

Auslaß:	Beginn 40—50°	vor unterm Totpunkt	(Abkürzung	AB.)
	Schluß 10—20°	nach oberem Totpunkt	„	AS.
Einlaß:	Beginn 15— 0°	nach oberem Totpunkt	„	EB.
	Schluß 60—40°	nach unterm Totpunkt	„	ES.

Die Form des Nockens muß den Ventilzeiten entsprechen. Weiterhin richtet sich die Form nach der Konstruktion der Ventilstößel. Ist der Stößel eine Rolle oder ein rollenartig abgerundeter, der Abnutzung entsprechend breiterer Stößel, so sind die Flanken an dem Grundkreisdurchmesser R gerade Tangenten.

Neuerdings kommen Pilzstößel, mit großer tellerartiger Auflage auf dem Nocken, sehr viel in Anwendung. Hier sind die Flanken an den Grundkreis tangierende Kreisbögen. Bei beiden Konstruktionen ist darauf zu sehen, daß der Grundkreisdurchmesser R so groß wie möglich (größer als 33 mm) wird und die einzelnen Uebergänge möglichst abgerundet werden. Denn je größer der Grundkreis und je abgerundeter der Nocken, desto größer ist bei gleichen Ventilzeiten der Füllungsgrad und desto geringer wird das Geräusch und die Federkräfte und um so gleichmäßiger das Drehmoment der Nockenwelle.

Wie günstig ein gut abgerundeter Nocken mit großem Grundkreis ist, erkennt man, wenn man die großen Kräfte betrachtet, die z. B. beim Oeffnen eines Auslaßventils von 40 mm Φ bei n = 3300 Umdrehungen überwunden werden müssen.

1. Anfangsbeschleunigungskraft	= 50 kg
2. Federkraft	= 20 kg
3. Reibung	= 1 kg
4. Gasüberdruck 4—5 at	= 50 kg
	121 kg

Diese Belastung tritt auf, wenn das Anheben allmählich geschieht. Setzt es dagegen plötzlich ein, so ist die Belastung dynamisch, also doppelt so groß = 2×121 = 242 kg. Da 242 kg eine ziemliche Belastung darstellen, sieht man, wie äußerst wichtig runde Nocken mit großen Laufkreisen und allmählichen Uebergangsbögen sind.

Die Nockenkuppe kann dagegen, wenn es der Hub erfordert, recht spitz sein. Bei hohen Tourenzahlen hat nämlich dieser Teil des Nockens fast gar keinen Druck auszuhalten, da sich der Federdruck und die Kräfte aus dem Ventilantrieb infolge der Massenwirkung in der äußersten Stellung, gerade ausgleichen. Der Halbdurchmesser der Kuppe kann daher bis r = 1,8 mm gemacht werden. Bei manchen Nockenwellen entdeckt man auch hohlgeschliffene Nocken, deren Folgen jedoch aus obigen Gründen nur Feder- oder Rollenbrüche sind.

Die Steuerteile müssen so leicht wie möglich sein und starr, ohne zu ecken, geführt werden, damit geringe Massenkräfte und Reibungen auftreten. In dieser Hinsicht ist der Pilzstößel zu empfehlen, da er viel leichter als der Rollenstößel und auch billiger in der Herstellung ist.

Bei der Dimensionierung der Nockenwelle ist die Größe der auftretenden Kräfte unbedingt zu berücksichtigen. Biegt sich nämlich die Welle beim Anheben eines Ventils ein wenig durch, so wird das Ventil im letzten Stück des Anlaufbogens ganz plötzlich und stoßweise angehoben und die ganze Ventilanordnung erhält nicht unerhebliche Schläge. Ferner können Eigenschwingungen der Nockenwelle infolge zu leichter Konstruktion einen abweichenden Bewegungslauf des Nockens und damit eine ungenügende Füllung hervorrufen.

Die

BERECHNUNG

der Welle auf Durchbiegung ist folgende:

Belastungsfall: Freiauflagernder Träger s. Dubbel, S. 483, so ist die Durchbiegung f im Angriffspunkt der Last G

$$f = \frac{G}{E \cdot I} \cdot \frac{a^2 \cdot b^2}{3\,l}; \; I = \frac{\pi}{64} d^4$$

$$f_{max} \text{ für } x_1 = a \sqrt{{}^1\!/_3 + \frac{2b}{3a}} \text{ wenn } a > b$$

$$\text{für } x_2 = b \sqrt{{}^1\!/_3 + \frac{2b}{3a}} \text{ wenn } a < b$$

$$\text{für } f_{max} \text{ zulässig} = 0{,}4 - 0{,}7 \text{ mm}$$

l = Abstand zwischen zwei Lagern,

a u. b = Abstand eines Nockens von dem nächsten Lager,

x = Abzisse des Punktes der Bewegungslinie, wo der gefährliche Querschnitt liegt.

Die Lager sind meistens Gleitlager mit Bronzebüchsen, welche möglichst nahe an die Auslaßnocken wegen des hier erhöhten Druckes herangelegt werden. Bei 4 Zyl.-Motoren verwendet man vier Lager, bei 6 Zyl.-Motoren fünf. Liegt die Nockenwelle über den Ventilen, so wird sie zwischen je zwei Zylindern gelagert. Sie wirkt bei dieser Anordnung direkt oder mittels Schwinghebel auf den Federteller (Bild 32). Spezialkonstruktionen sehen oft für Auslaß- und Einlaßnocken je eine Welle vor.

Bei der Ausführung der Ventilsteuerungen sind noch folgende Konstruktionseinzelheiten zu beachten.

Bei Rollenstößeln muß der Durchmesser der Rolle kleiner sein als der Nockengrundkreisdurchmesser. (D : d = 1 : 2 bis 1 : 3), da sonst die Rolle auf dem Nocken gleitet. Die Kanten der Rolle müssen immer gebrochen werden, da sonst oft nur die Kanten tragen, die während des Betriebes Rillen in die Nocken eindrücken und die Einsatzschicht zerstören. Die Rollenbolzendurchmesser sind mindestens 10 mm groß zu machen, damit sie den auftretenden Stößen im Ventilantrieb genügend Widerstand leisten.

Bei Pilzstößeln muß der Nocken 14—20 mm breit gehalten werden, um eine möglichst große Lebensdauer zu haben. Der Pilzteller ist auf der unteren Fläche eben. Der Schaft darf nicht zu dünn gewählt werden und muß starr geführt sein, da er sonst durch den Seitendruck leicht eckt und der Teller abreißt. Zwischen Stößel und Laufkreisdurchmesser soll ein geringes Spiel sein, $s = 0{,}3$ mm, damit sich das Ventil am Ventilsitz sicher aufsetzt, und andererseits die Wärmeausdehnung genügend berücksichtigt wird. Beim Anheben der Stößel durch die Nocken werden die Flächen stark gerieben und abgenutzt. Es müssen daher beide Teile eine verschleißfeste Oberfläche besitzen, die durch Einsetzen des Materials erreicht wird. Man verwendet daher

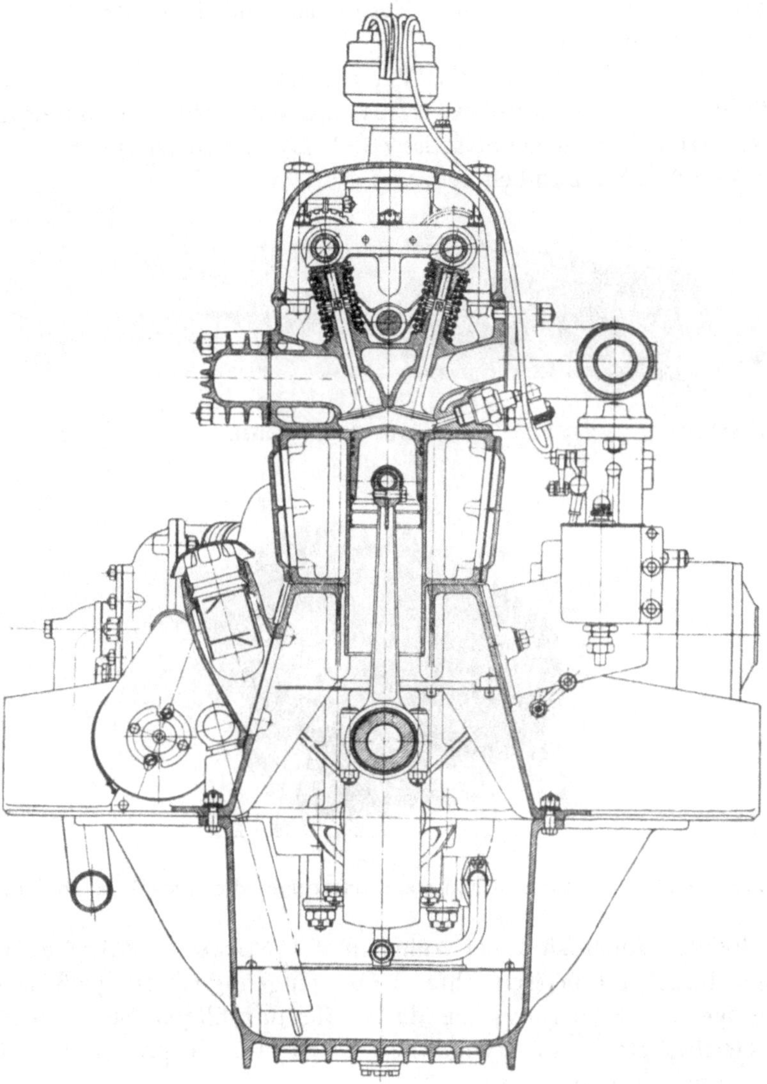

Bild 32.
Querschnitt durch einen Zylinder der Firma Horch. (Obenliegende Nockenwellen.)

für Nockenwellen und Stößel meistens Stähle der Gruppe DIN StC 1661 (SAE 1015). Das Material zeichnet sich nach der Härtung durch glasharte Oberfläche und zähen Kern aus. Die Tiefe der Einsatzschicht soll über 1 mm betragen.

In Amerika findet man die Verwendung von Stößeln, bei denen der Teller mit weißem Roheisen ausgegossen wird, ein Material, das äußerst hart und verschleißfest ist (Bild 33). Doch ist die Herstellung dieser Ventilstößel ziemlich teuer.

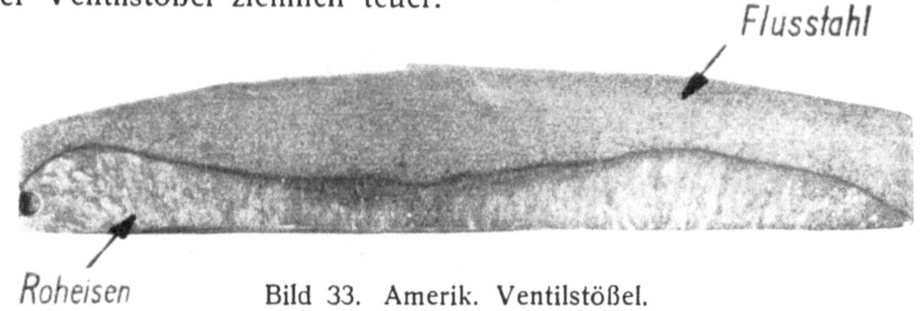

Bild 33. Amerik. Ventilstößel.

Bild 34.
Abgesprungene Einsatzschicht infolge unsachgemäßer Einsatzbehandlung.

Sollte der Anlaufstoß bei Anheben des Nockens infolge unzweckmäßiger Konstruktion (schlechter Uebergangsbogen) zu groß werden, so werden die Steuerungsteile durch die unzähligen Stöße während des Betriebes stark auf Dauerfestigkeit beansprucht, was leicht zu Störungen führen kann.

DIE HERSTELLUNG.

Die Nockenwelle wird meistens im Gesenk aus einem Stück geschmiedet. Nach dem Fertigdrehen wird die Welle eingesetzt. Die Lagerstellen und die Wellenlängen jeweils zwischen den Nocken, die weich bleiben sollen, müssen durch Lehmüberzug oder Verkupfern beim Einsetzen gegen das Eindringen von Kohlenstoff geschützt werden. Weiterhin sind die bereits bei Kolbenbolzen erwähnten Einsatzvorschriften sorgfältig zu beachten, damit Fehler, wie Abspringen der Einsatzschicht (Bild 34) infolge zu hoher Einsatztemperatur u. a., vermieden werden. Nach dem Einsetzen wird die Nockenwelle fertiggeschliffen, da die geringsten Fehler (Schleifrisse) gerade bei Nocken ungünstig sind und im Betrieb den Wirkungsgrad des ganzen Motors beeinträchtigen. Das Nachschleifen der Nocken muß nach Schablone geschehen, damit die einzelnen Nockenwinkel zwecks gleichmäßiger Füllung genau zueinander übereinstimmen.

ZUSAMMENFASSUNG.

Die Nocken sollen möglichst rund sein. Erwünscht ist großer Laufkreis mit guten Uebergangsbögen, um die Anlaufstöße zu dämpfen. Die Welle selbst soll unbedingt steif und wie der übrige Steuerungsantrieb starr gelagert sein, um Durchbiegung und Eigenschwingungen zu vermeiden. Das geeignete Material ist Einsatzstahl mit glasharter Oberfläche und zähem Kern nach dem Einsetzen. StC 1661 (1015).

DIE VENTILE.

Die Ventile regeln den Ein- und Austritt der Verbrennungsgase. Damit auch bei hoher Drehzahl die Füllung der Zylinder ausreichend ist, müssen die Saugleitungsquerschnitte genügend groß sein. Dies steht andererseits im Widerspruch zu der Füllung bei niedriger Drehzahl, da bei großen Leitungsquerschnitten die Gasgeschwindigkeiten, welche sich ungefähr umgekehrt zu dem Querschnitt verhalten, zu gering werden. Der Brennstoff schlägt sich bei zu geringer Gasgeschwindigkeit in Form von Tropfen in den Kanälen nieder, und das Brennstoffgemisch wird zu arm. Da ferner hohe Gasgeschwindigkeit die Durchwirbelung und damit die Zündbarkeit des Gemisches begünstigt, wählt man bei normalen Motoren die Saugrohr-, wie die Ventilquerschnitte möglichst eng und den Ventilhub gleich ein Viertel des lichten Ventildurchmessers. Die Gasgeschwindigkeiten können 100—120 m/sec. max. betragen. Durch kurze und glatte Zuleitungen ohne Krümmungen, im besonderen Falle noch durch gestufte Saugleitungsquerschnitte, d. h. für Rasch- und Langsamlauf zwei verschiedene, kann man bei hoher Drehzahl die geringe Füllung infolge der gewählten engeren Querschnitte beheben. Weitere Vorteile kleinerer Ventile außer der größeren Gasgeschwindigkeit sind folgende:

Die Ventilanordnung kann so gewählt werden, daß die geschlossene Form des Verbrennungsraumes erhalten bleibt.

Die Beanspruchung des Ventilantriebes ist infolge der geringen Ventiloberfläche wesentlich kleiner, dies ergibt sich schon daraus, daß bei voller Leistung die Auspuffventile gegen einen Druck von 4—5 Atm. geöffnet werden müssen.

Die Massenkräfte des Antriebs sind bei kleinen Ventilen wesentlich geringer, da die ganze Ventilanordnung leichter gebaut werden kann.

Kleine Ventile werden nicht so warm wie große, da der größte Teil der aufgenommenen Wärme aus den Explosionsgasen durch die Ventilsitze abgeführt wird. Die Sitze nehmen aber eine um so höhere Temperatur an, je größer ihr Durchmesser und ihre Massen sind. Die Folge ist eine starke Neigung zum Verziehen der Teller, die schließlich im Betriebe an den Sitzen nicht mehr genau schließen. Die Kompression läßt dadurch bedeutend nach.

Die im Zylinderinnern auftretenden hohen Temperaturen wirken sehr nachteilig auf die Ventile. Insbesondere wird das Auslaßventil sehr beansprucht, da während des Auspuffhubes die heißen Abgase, die Temperaturen bis zu 800° erreichen, die ganze Oberfläche des Tellers und einen Teil des Schaftes umspülen. Das Einlaßventil dagegen wird nur auf der Stirnseite erwärmt, während Schaft und der rückwärtige Teil des Ventils durch das angesaugte Brennstoffgemisch gekühlt werden.

Eine möglichst weitgehende Kühlung des Auslaßventils ist daher besonders wichtig. Aus diesem Grunde verwendet man breite Ventilsitze, damit in der Ruhestellung ausreichende Berührungsflächen und dadurch genügende Wärmeabfuhr vorhanden sind.

Die A b k ü h l u n g des Auslaßventiles ist daher besonders wichtig, wie schon betont, ist zwecks guter Kühlung ein möglichst breiter Ventilsitz erwünscht, damit in der Ruhestellung ausreichende Berührungsfläche und Wärmeabfuhr vorhanden ist. Weiterhin sind die Wasserräume so weit wie möglich an den Teller heranzuführen. Der Auslaßkrümmer soll direkt aus dem Zylinder herausgeführt werden. Besondere Konstruktionen (Flugmotoren) verwenden oft innere Kühlung durch den ausgebohrten Schaft mit Salzfüllung (Bild 35). Die Abkühlung zwischen Schaft und Führung ist leider sehr gering, da man wegen der Ausdehnung des erhitzten Schaftes einen Spielraum von 0,1—0,2 mm zwischen Führung und Schaft lassen muß. Die Schaftdicke und Länge muß daher so bemessen sein, daß durch den Schaft noch genügend Wärme abgeführt werden kann. Das Spiel zwischen Stößel und Ventilschaft darf ebenfalls nicht zu gering sein, damit der Ventilteller auch genügend lange mit dem Ventilsitz in Berührung kommt. Das Spiel für Auslaßventile soll etwas größer sein als das der Einlaßventile, d. h. 0,12—0,18 mm. Zu knappes Spiel hat Kraftverlust, unwirtschaftlichen Kraftstoffverbrauch, Durchbrennen und Weichwerden, sowie häufiges Nachschleifen der Ventile zur Folge.

Trotz dieser Maßnahme ist die Abkühlung der Auslaßventile durchaus nicht intensiv. Es muß daher für die Ventile ein Werkstoff mit großem Widerstand gegen Hitze verwendet werden. Bei Verwendung

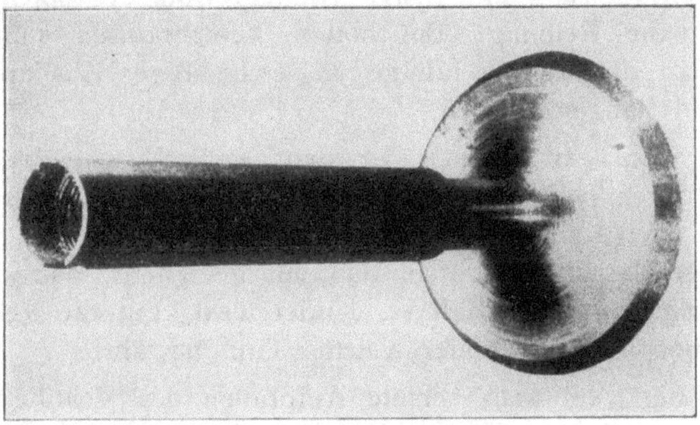

Bild 35. Hohle Ventilspindel.

von nicht hitzebeständigem Werkstoff verzundern nämlich die Ventile bei den hohen Temperaturen im Betrieb recht bald, und die Ventilkegel neigen des öfteren zum Durchbrennen und Reißen. Der Ventilrand wird hier bald undicht und läßt die Gase austreten, wodurch die Kompression wesentlich verschlechtert wird.

Da die Auspuffgase den Teller nicht gleichmäßig umspülen, wird derselbe ungleichmäßig warm. Infolgedessen neigen die Teller der Auspuffventile, besonders bei großen Ventilen, infolge schlechter Wärmeabteilung, dazu, sich zu verziehen. Eine ziemlich wirksame Abhilfe ist durch Versetzen der Stößel aus der Nockenmitte, $s = 1—2$ mm, zu erreichen. Die Ventile erhalten dadurch eine Drehbewegung, so daß sie gleichmäßig erhitzt werden und die Kegel gleichmäßig abgenutzt werden. Durch die Drehbewegung werden auch evtl. Verunreinigungen aus dem Ventilsitz herausgemahlen.

Außer diesen physikalischen treten noch erhebliche mechanische Beanspruchungen auf, die von dem Material der Ventile eine genügende Festigkeit bei hohen Temperaturen verlangen.

Die Kräfte zum Oeffnen der Ventile sind, wie schon betont, ziemlich groß (120—240 kg). Der Druck aus diesen Kräften wirkt bei der Uebertragung, sei es mittels Schwinghebels oder direkt durch Nocken, nie konzentrisch auf den Schaft des Ventiles, sondern immer seitlich und preßt infolgedessen den Schaft mit starker Reibung gegen die Führung. Man kann diesen Seitendruck herabsetzen, wenn man die Schwinghebelachse auf der halben Ventilhubhöhe anordnet und die Hebelübersetzung zwischen Nocken und Ventil immer größer als 1 wählt. Trotzdem läßt sich der Seitendruck nicht völlig fortschaffen und zwischen Führung und Schaft entsteht trotz des Spielraums eine außerordentliche Reibung. Bei hohen Temperaturen kann es vorkommen, daß die Ventile infolge ungleichmäßiger Ausdehnung festbrennen und hängen bleiben.

Solche Störungen können zu dem gefürchteten Vergaserbrand führen, da durch Hängenbleiben oder zu spätes Schließen der Ventile zurückbleibende Auspuffgase das neue Gemisch zu früh entzünden. Es ist daher darauf zu achten, daß ein geeigneter Baustoff für die Ventilführung und den Schaft verwendet wird. Für die Ventilführung hat sich Phosphorbronze oder weicher Guß bewährt.

Das häufige, oft auch schiefe Aufprallen des Ventiltellers gegen den Ventilsitz bei hoher Temperatur erfordert vor allen Dingen einen genügend hohen Widerstand der Ventile gegen Dauerbeanspruchung.

Diese Forderung ist jedoch nicht leicht zu erfüllen, da die Festigkeit der Ventile im Betrieb infolge der hohen Temperaturen beträchtlich sinkt. In der letzten Zeit sind verschiedene Versuche gemacht worden, um die Dauerfestigkeit bei erhöhten Temperaturen von geeigneten Ventilstählen festzustellen, die jedoch sehr zeitraubend und schwierig durchzuführen waren. Man begnügt sich daher vorläufig mit der Bestimmung der Festigkeit bei hohen Temperaturen mittels Warm-Zerreißversuchen, indem man die in der Zerreißmaschine eingespannten Probestäbe in einem Ofen erhitzt und dann zerreißt. Neben den Zerreißversuchen hat man Versuche mit Ventilen verschiedenen Materials an einem Versuchsmotor unternommen, um das Verhalten der einzelnen Stähle im Betriebe zu untersuchen. Als Ventilstähle kommen vier Stahlsorten in Frage.

1. Für schwach beanspruchte Ventile ein normaler Chrom-Nickel-Vergütungsstahl (VCN 45, SAE 3435).
2. Für normale Beanspruchung verwendet man einen hochlegierten, ledeburitischen Chrom-Stahl (1,6 % C, 13 % Cr) bzw. Chrom-Siliziumlegierte Stähle (Silchrome mit verhältnismäßig niedrigem Kohlenstoff-Gehalt (0,5 % C, 3 % Si, 9 % Cr).
3. Für höchste Beanspruchung bis zu Temperaturen von 900° kommt ein austenitischer Chrom-Nickel-Wolfram-Stahl zur Anwendung (0,45 % C, 13 % Cr, 13 % Ni, 2 % W).

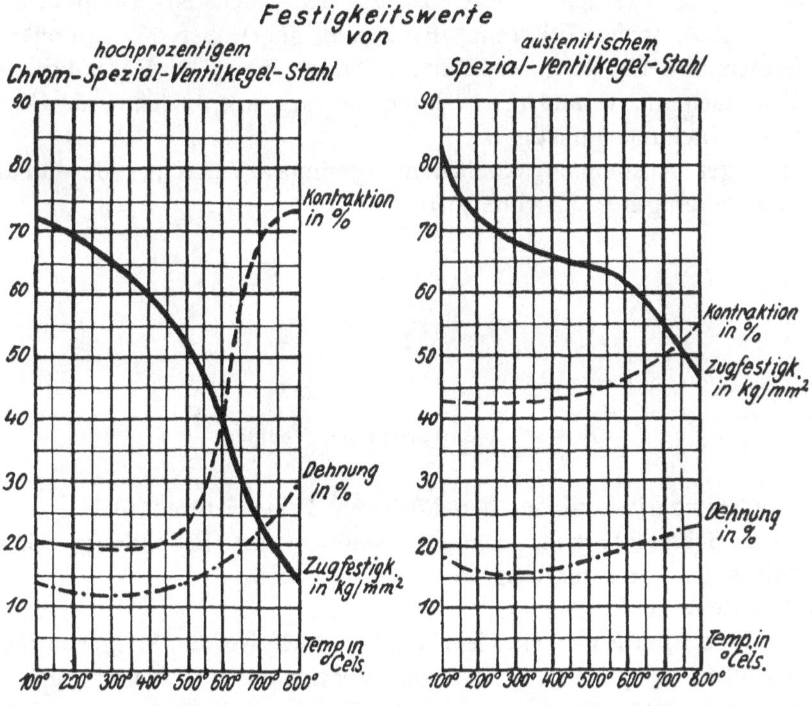

Bild 36. Warmfestigkeitswerte von Ventilstahl.

Die häufigst benutzten Stähle sind der ledeburitische Chrom-Stahl, der Silchrom-Stahl, der hauptsächlich in England viel verwendet wird und der austenitische Chrom-Nickel-Wolfram-Stahl.

Aus Abbildung 36 sind die Festigkeitseigenschaften bei höheren Temperaturen zu ersehen. Die Kennkurven zeigen, daß auch bei den hohen Temperaturen relativ hohe Festigkeiten vorherrschen. Der Silchrom-Stahl und der ledeburitische Chrom-Stahl haben ähnliche Eigenschaften. Sie zeichnen sich in der Hauptsache aus durch ihre

Zunderbeständigkeit und verhältnismäßig gute Festigkeitswerte bei höheren Temperaturen gegenüber VCN 45, während als Nachteile anzuführen sind:

Schlechtes Warmverformungsvermögen.

Neigung zu Rissen.

Gefahr der Selbsthärtung.

Aus diesem Grunde wird für höchstbeanspruchte Teile der austenitische Nickel-Chrom-Wolfram-Stahl verwendet, er zeichnet sich aus durch:

1. Sehr gute Festigkeitswerte bis zu den höchsten Temperaturen. (Bei 800° noch 47 kg/mm² Festigkeit gegenüber 15 kg/mm² der beiden anderen oben erwähnten Stähle, 25—20 % Dehnung, gute Oberflächenhärte und relativ hohe Streckgrenze, welches für Dauerbeanspruchung günstig ist.)
2. Geringer Ausdehnungskoeffizient (geringes Verziehen der Ventile und daher gutes Abschließen).

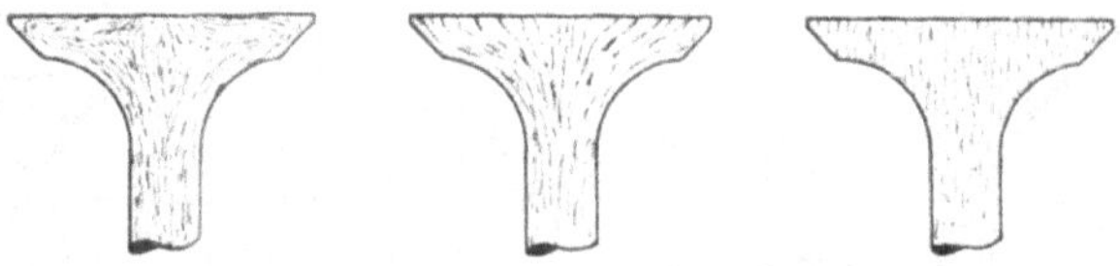

a. b. c.

Bild 37. Faserverlauf bei Ventilen.

3. Zundersicherheit bis zu den höchsten Temperaturen (900°).
4. Gute Schmiedbarkeit, weniger Neigung zur Rißbildung, Sicherheit gegen Selbsthärtung und Weichwerden.

Als Nachteile sind zu nennen:

Das höhere spezifische Gewicht (8,02); doch ist die Steigerung verhältnismäßig gering, so daß die Ventilmaße und damit auch die Massenkräfte nicht wesentlich vergrößert werden.

Die geringe Leitfähigkeit und die höheren Kosten.

Auf Grund dieser Eigenschaften ist bei Verwendung des letzteren Materials ein sicheres Arbeiten der Ventile und damit eine gute Motorleistung gesichert.

Neben den Zerreißversuchen hat man zum Auffinden des geeigneten Ventilmaterials mit einer Reihe von Ventilen aus den meist verwendeten hochlegierten Chrom-Silizium- und Chrom-Nickel-Wolfram-Stählen vergleichende Versuche mit betriebsmäßiger Anordnung ausgeführt. Die besten Ergebnisse zeigten die Cr-Si-legierten und vor allen Dingen die Cr-Ni-W-legierten Stähle mit sehr hohem Ni-Cr-Gehalt.

Die

HERSTELLUNG

der Ventile aus diesen Stählen ist mit besonderer Sorgfalt auszuführen. Man geht von gezogenem Stangenmaterial aus und schmiedet die Ventile in 3—4 Arbeitsgängen auf Schmiedemaschinen oder kleinen Fallhämmern aus. Beim Ziehen ist darauf zu achten, daß genügende

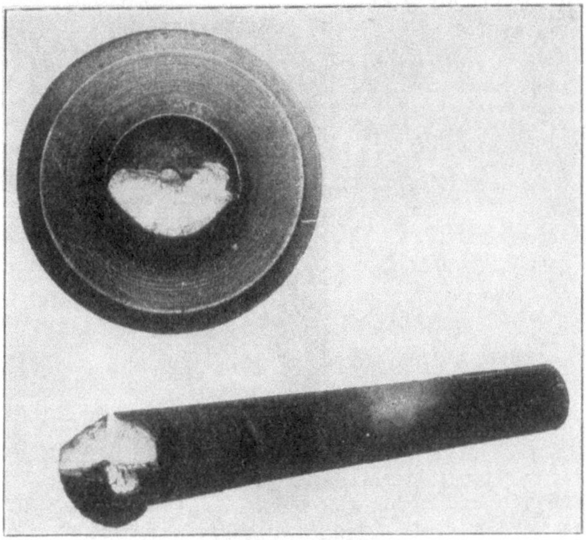

Bild 38. Dauerbruch infolge schlechten Uebergangs.

Zwischenglühungen stattfinden. Die Warmverarbeitung gestaltet sich infolge des hohen Gehaltes der Legierungsbestandteile ziemlich schwierig, da auch bei hohen Temperaturen das Fließvermögen sehr gering ist. Es müssen daher zu starke Querschnittsabnahmen bei den einzelnen Arbeitsgängen unbedingt vermieden werden.

Die Ventile sind zwecks großer Lebensdauer so zu schmieden, daß der Faserverlauf in der Streckungsrichtung verläuft (Bild 37). Bild *a* zeigt einen guten Verlauf der Faser; der Kopf ist angestaucht. Bei *b* ist ein ungünstiger Faserverlauf festzustellen, der auf unsachgemäßes Schmieden und Abgraten zurückzuführen ist. Vollkommen unbrauchbar ist der Faserverlauf bei *c*, da hier durch Herausdrehen aus dem Vollen die Faser an allen Seiten geschnitten ist.

Für die Wärmebehandlung der Ventilstähle sind etwa folgende Grenzen einzuhalten:

Cr-Ni-Stahl: Abschrecken bei 780—800° in Oel oder Luft. Anlassen eine Stunde bei 500—600°.

Ledeburitischer Cr-Stahl: Abschrecken bei 900—1000° in Oel oder Luft. Anlassen eine Stunde bei 650—750°.

Silchrom-Stahl: Erhitzen auf 1200° mit nachfolgender Abkühlung an der Luft. Anlassen eine Stunde bei 850—900°.

Cr-Ni-W-Stahl: Abschrecken bei 1000° in Wasser. Anlassen eine Stunde bei 700—750°.

Bild 39. Einlaßventil in Tulpenform.

Die Form des Ventiltellers ist so auszubilden, daß der Uebergang zwischen Teller und Schaft einen möglichst großen Radius besitzt, damit der Wärmefluß gleichmäßig, die Stromlinienführung für die Gase gewahrt und letzten Endes Kerbwirkungen, die den Dauerbruch begünstigen, vermieden werden. Bild 38 zeigt einen Dauerbruch, der infolge schlechten Ueberganges entstanden ist.

Beim Fertigschleifen ist für gute Kühlung und feinkörniges Schleifmittel zu sorgen, da sonst Schleifrisse auftreten, die Anlaß zu Dauerbrüchen geben können. Zuletzt poliert man noch die Oberflächen, damit auch die kleinste Verletzung verschwindet.

WICHTIGE KONSTRUKTIVE EINZELHEITEN.

Die Form und den Stahl für das Ein- und Auslaßventil wählt man meistens aus Rücksicht auf Fabrikation und Austauschbau gleich. Bei Spezialkonstruktionen gibt man oft dem Einlaßventil zwecks besserer Stromlinienführung die hohle Tulpenform (Bild 39). Das Gewicht bleibt im Vergleich zum Kegelventil gleich, da die Tulpenventile bei gleichem, durchströmendem Gasgewicht kleiner gemacht werden können. Die Oberfläche des Ventiltellers wird gewölbt ausgeführt, um einem Verziehen vorzubeugen.

Die Schräge des Ventilsitzes ist 30° (früher 45°), um bei demselben Ventilhub einen größeren lichten Ventilquerschnitt zu bekommen. Der Ventilschaft, dessen Kopf gehärtet sein soll, trägt an seinem Ende den Ventilfederteller, der am besten durch Außengewinde oder Keilverbindung befestigt wird. Der Federteller, der möglichst geringes Gewicht haben soll, muß die mit einem Gang vollauf liegende Feder zentrisch halten, um Seitendrücke zu vermeiden. Werden zum Ventilantrieb Stoßstangen und Kipphebel benötigt, so müssen dieselben die richtige Dimension bekommen, damit sie im Betrieb nicht schwingen. Die Köpfe und Pfannen dieser Uebertragungsteile sind zu härten, damit der Verschleiß weitgehendst heruntergesetzt wird. Als Material ist einfach legierter Stahl zu verwenden. (St C 6061) (SAE 1060).

DIE VENTILFEDER.

Die Ventilfedern müssen die Ventile auf ihren Sitz drücken und das Ventil im richtigen Augenblick sicher schließen. Die Stärke des Federdrahtes ist so zu bemessen, daß die Beanspruchung immer unterhalb der Elastizitätsgrenze bleibt. Die Feder erleidet dadurch keine dauernde Formänderung, verlängert sich nicht und ermüdet auch nicht. Die Beanspruchung soll nicht höher als 40 kg/mm² sein. Die Maße der Federn dürfen jedoch im Verhältnis zu ihrer Stärke, das ist die Kraft in Kilogramm, die man benötigt, um die Feder axial zusammenzudrücken, nicht zu groß sein. Dadurch wird nämlich die Dauer der Eigenschwingung der Feder sehr groß und es können bei Uebereinstimmung mit der Ventilbewegung Resonanzerscheinungen auftreten, die zu schneller Ermüdung des Materials und zu Brüchen führen.

VERSCHIEDENE VENTILANORDNUNGEN.

Die meist angewandte Ventilbetätigung ist die der seitlich stehenden Ventile von untenliegender Nockenwelle gesteuert (Bild 40). Die Anordnung zeichnet sich durch gute Zugänglichkeit, gut gekühlte

Zündkerze, kurzen Zündungsweg infolge günstiger Anordnung der Kerzen direkt über den Ventilen und billige Fabrikation aus. Wird dazu der Verbrennungsraum nach dem sogenannten Ricardokopf (Bild 41) unter Vermeidung von toten Winkeln und Ecken kugelförmig ausgebildet, so werden die Gase gut durchwirbelt und die wirbelnden

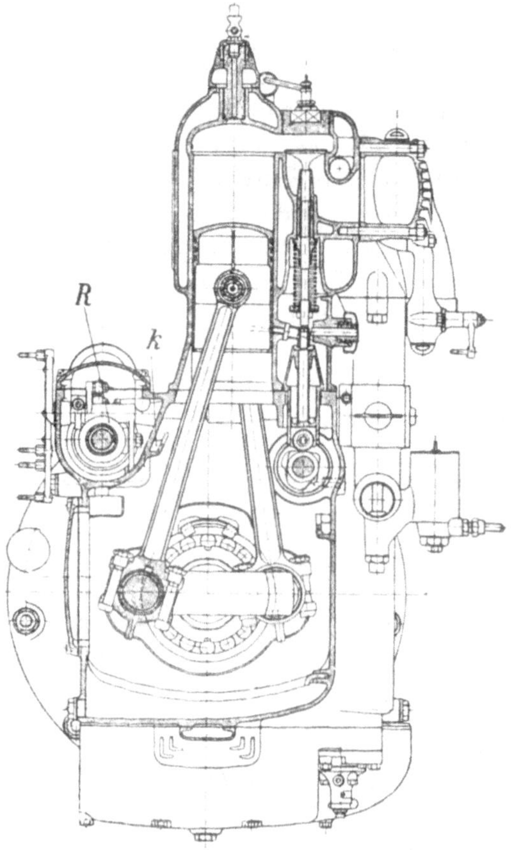

Bild 40. Seitlich stehende Ventile.

Gasteilchen tragen dann die Verbrennung rasch und sicher weiter. Durch diesen Vorzug fallen auch bei hoher Kompression die unangenehmen Detonationen (Klopfen) infolge Glühzündungen fort*).

Im Zylinderkopf hängende Ventile, die entweder durch Schwinghebel oder durch obenliegende Nockenwelle gesteuert werden (vergl. Bild 32, S. 57), ergeben einen gut durchgebildeten kugel-

*) Ricardo, Schnellauf. Verbrennungskraftmaschinen Springer, Berlin, 1925.

förmigen Verbrennungsraum, der den Gasen einen freien und strömungsgerechten Eintritt läßt. Dazu kommt noch der Vorteil, daß der Verbrennungsraum als Drehkörper voll bearbeitet werden kann. Die Bauart ist jedoch durch den obenliegenden Steuerungsantrieb teuerer als bei nebenstehenden Ventilen.

Neben diesen Ventilsteuerungen hat man die Betätigung der Ventile durch Nockenwellen, die direkt über den Ventilen liegen und dieselben unmittelbar betätigen. Meist für Einlaß- und Auslaßventil eine Nockenwelle. Einzelne Fabrikate wie Minerva, Willys-Knight, versehen ihre Motore zwecks geräuschlosen Ganges mit Schieberventilen

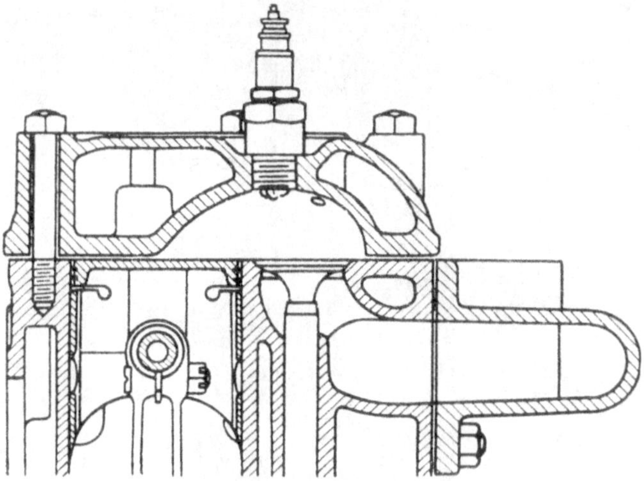

Bild 41. Ricardokopf.

(Bild 42), die jedoch in der Herstellung ziemlich teuer sind. Dazu kommt noch, daß sie einer sehr aufmerksamen Wartung bedürfen, da die aneinander vorbeigleitenden Flächen bei hohen Temperaturen infolge Nachlassens der Viskositäten des Oeles (Verwendung von Spezialölen) leicht fressen.

ZUSAMMENFASSUNG.

Für eine gut arbeitende Ventilanordnung ist erwünscht:

1. Kleine Ventildurchmesser zwecks geringer Erwärmung, hoher Gasgeschwindigkeit und guter Füllung und Leistung.
2. Genügende Kühlung durch breite Ventilsitze, dicken und langen Ventilschaft und durch weitgehendste Wasserumspülung.

3. Gute und zentrische Führung des Ventilschaftes, um die Reibung zu verringern.
4. Leichte Ventilmassen wegen Verringerns der Massenkräfte.

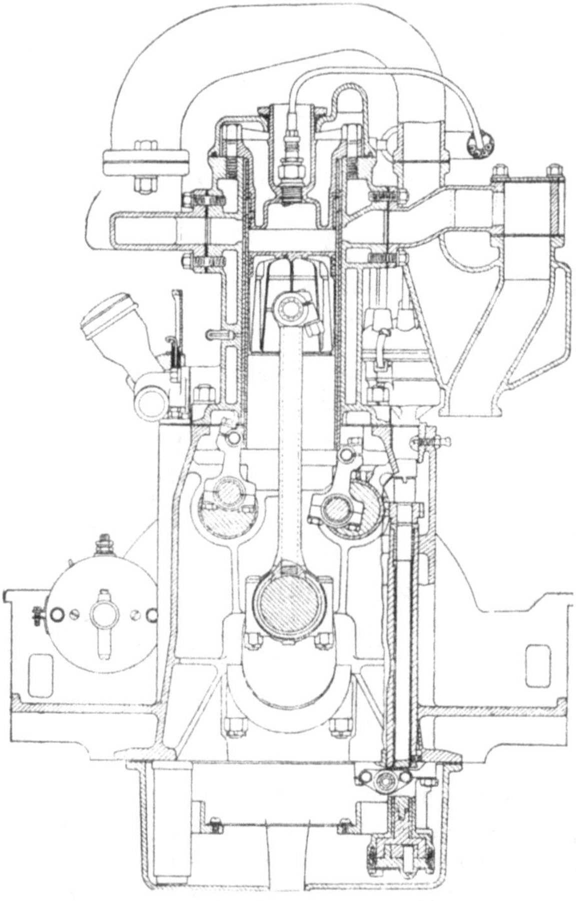

Bild 42. Schiebersteuerung.

5. Gut abgerundete Ventilkegel und Vermeidung von Kerben gegen Dauerbeanspruchung.
6. Verwendung von Material von hoher Warmfestigkeit, Korrosionsbeständigkeit, geringer Ausdehnung und geringem spez. Gewicht, guter Schmiedbarkeit, Abneigung gegen Rißbildung und Selbsthärtung an der Luft und guter Wärmeleitfähigkeit.

DER ZYLINDER UND DAS KURBELGEHÄUSE

Im Gegensatz zu den bisher besprochenen beweglichen Motorteilen sind der Zylinder und das Kurbelgehäuse die feststehenden Elemente des Automobilmotors.

Der Zylinder gehört mit zu den kompliziertesten Teilen des Krafterzeugers. In seinem Innern spielen sich in steter Aufeinanderfolge die vier verschiedenen Arbeitsgänge: 1. Ansaugen, 2. Verdichten, 3. Explosion und Expansion, 4. Ausschieben der verbrannten Gase ab. Man ersieht hieraus bereits, daß der Zylinder dauernd wechselnden Beanspruchungen ausgesetzt ist. Auf der einen Seite sind es die hohen Explosionsdrücke, denen die Wandungen des Zylinders widerstehen müssen, auf der anderen Seite sind es die hohen Temperaturen, die im Augenblick der Explosion auftreten und die schnell genug an das Kühlwasser übertragen werden müssen.

Der Aufbau des Zylinders kompliziert sich ferner durch die Ein- und Auslaßkanäle für die Gase. Auch die Zündkerzen müssen in den Zylinder eingesetzt werden.

THERMISCHE BETRACHTUNGEN.

Von der Form des Zylinders hängt natürlich der thermische Wirkungsgrad des Motors ab. Der schädliche Raum muß so klein wie eben möglich gehalten werden, damit größte Ausnutzung des Hubraumes erreicht wird. Wärmetechnisch am günstigsten ist der kugelförmige oder zylindrische Verdichtungsraum. Bei hoher Verdichtung ist es notwendig, den Verdichtungsraum vollständig zu bearbeiten, um ein Festbrennen von Oelkohle an der rauhen Gußhaut zu vermeiden, die Anlaß zu Fehlzündungen geben kann. Wegen der einfachen Dreharbeit ist die oben erwähnte Form die günstigste.

Nach Untersuchungen von Ricardo ergeben schräg im Kopf hängende Ventile mit entsprechendem Zylinderkopf den besten thermischen Wirkungsgrad.

ANORDNUNG.

Zylinder und Kurbelgehäuse bilden ein ganzes Maschinenaggregat. Es ist jetzt notwendig, hier in der richtigen Weise eine Teilung vorzunehmen. Zunächst wird das Kurbelgehäuse in der Mitte der Kurbelachse geteilt, um leichte Zugänglichkeit zu der Kurbelwelle zu erreichen. Der untere Teil des Kurbelgehäuses dient als Schutz gegen Straßenschmutz und gleichzeitig als Oelwanne. Der obere Teil des

Kurbelgehäuses trägt die Zylinder. Vielfach ist auch hier nochmals eine Teilung vorgenommen, so daß die Zylinder auf das Kurbelgehäuse aufgeschraubt werden. Häufig wird diese Teilung jedoch fortgelassen, wodurch ein glatterer und stabilerer Bau erreicht wird. Zur Vereinfachung des Zylindergußstückes teilt man dieses in der Höhe der Ventilsitzebene, wodurch der Zylinderkopf ein einfaches Gußstück wird. (Bild 41.) Dieser Deckel wird auf den Zylinder mit Schrauben nach Zwischenlegen einer Dichtung aufgeflanscht. Die Zündkerze ist am höchsten Punkte des Verdichtungsraumes, etwa in der Mitte zwischen Ventil und Zylinder untergebracht. Diese Konstruktion ist einfach und ergibt billige Bearbeitungskosten.

Der Zylinder ist allgemein ein doppelwandiges Gußstück, das innen den Lauf- und außen den Kühlwassermantel enthält. Die Wandstärke des Laufmantels errechnet sich aus dem maximalen Explosionsdruck von ca. 30—32 kg/cm² zu ungefähr 5—6 mm; für Bearbeitungszugabe werden 2 mm zugegeben, so daß die Wandstärke nach dem Guß 10 mm beträgt. Da der Druck der Gase mit dem nach unten gehenden Kolben nachläßt, kann die Wand des Zylinders am unteren Ende etwas dünner gehalten werden.

Beim Entwurf des Zylinders ist auf gute Kühlwasserführung zu achten. Insbesondere muß das kalte Wasser dort eingeführt werden, wo die höchsten Temperaturen auftreten. Das ist in der Nähe der Auslaßventile. Aus diesem Grunde läßt man meist das Kühlwasser unterhalb der Auslaßventile einströmen und läßt es an der höchsten Stelle zum Kühler abfließen. Die Kühlwasserräume sowie Kühlwasseranschlußstutzen müssen weit genug bemessen werden, damit die Entfernung des Kernsandes und der Kerneisen leicht vor sich gehen kann. Es dürfen keine Stellen vorhanden sein, an denen sich Luftsäcke oder Wärmestau bilden können, da hier durch schlechte Wärmeabfuhr eine Ueberhitzung verursacht wird und durch innere Spannungen an dieser Stelle ein Bruch eintreten kann.

Während man früher jeden Zylinder einzeln ausführte, ist man bald zur Blockanordnung übergegangen, um die Baulänge des Motors zu verringern. Der Vorteil der ersteren Bauart war, daß gute Kühlung vorhanden war und daß bei Bruch eines Zylinders dieser ausgewechselt werden konnte, während bei Blockanordnung der ganze Block erneuert werden muß. Weiterhin mußte man bei der Blockkonstruktion auf die Kühlwasserräume zwischen den einzelnen Zylindern verzichten, da sonst der Vorteil der kurzen Bauart wieder in Wegfall kam.

Um noch kürzere Baulänge zu erreichen, wendet man vereinzelt bei 8-, vor allem aber bei 12-Zylindern die *V*-Form an (Bild 43), d. h. man nimmt zwei 4- bzw. 6-Zylinderblocks und montiert diese in *V*-Form zu einem Aggregat zusammen. Jedoch ist diese Anordnung reichlich teuer.

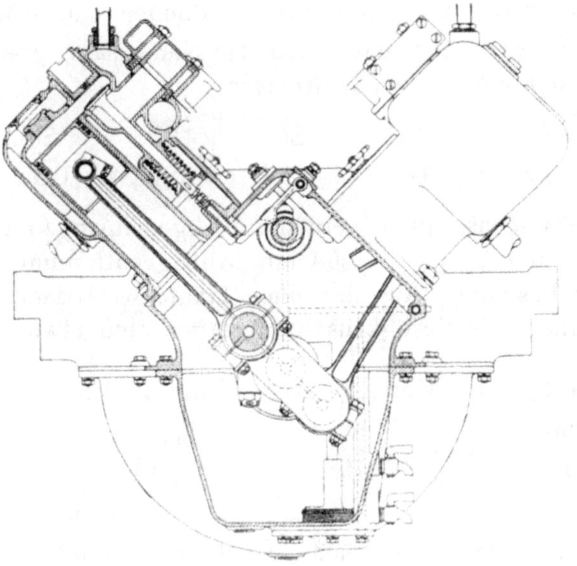

Bild 43.

Mit dem Uebergang zum Zylinderblock trat die unbedingte Notwendigkeit ein, den Zylinder vom Zylinderkopf zu trennen und erst nachträglich zusammenzuschrauben. Es wurden von Konstrukteuren wahre Kunstgebilde geschaffen, die den Gießereien ungeheure Schwierigkeiten bereiteten und viel Ausschuß im Gefolge hatten. Dadurch werden die Gestehungskosten für den Zylinder sehr hoch. Es ist deshalb notwendig, so einfach wie möglich zu konstruieren und unbedingt angebracht, vor der Fertigkonstruktion mit der Gießerei Rücksprache zu nehmen, um ein billiges Einformen und geringen Ausschuß zu erreichen.

HERSTELLUNG UND MATERIAL.

Der Zylinder, der Zylinderkopf und der obere Teil des Kurbelgehäuses, wenn er mit dem Zylinder zu einem Stück vereinigt ist, werden fast ausschließlich aus Grauguß hergestellt. Der untere Teil des Kurbelgehäuses wird in der Regel aus Aluminium oder besser aus Silumin, einer Aluminiumlegierung mit 13 % Silizium, gegossen. Zylinder aus Leichtmetall findet man nur selten. Der Grauguß ist das gegebene Material für Zylinderguß. Er hat genügend Festigkeit, läßt sich gut bearbeiten und läßt sich vor allem sehr gut vergießen, was von besonderer Wichtigkeit für die dünnen Querschnitte ist.

Der Grauguß erstarrt, wie schon der Name sagt, grau. Ein guter Zylinderguß hat etwa folgende Analyse:

C	Mn	Si	P	S
3,2	0,4	1,9	∾ 0,1	0,09

Die Festigkeitseigenschaften werden im allgemeinen an einem Biegestab von 650 mm Länge bei 600 mm Auflageentfernung und 30 mm Durchmesser bestimmt. Aus der einen Hälfte wird dann ein Zerreißstab angefertigt. Die Festigkeitseigenschaften sind etwa folgende:

Biegefestigkeit kg/mm²	Durchbiegung mm	Zugfestigkeit kg/mm²	Brinell-härte
34	10	18	150

Nur etwa 1/5 des gesamten Kohlenstoffes ist im Eisen gelöst. Der übrige Kohlenstoff ist als elementare Kohle, sog. Graphit, abgeschieden. (Bild 44.) Dieser Graphit bedingt die graue Farbe des Bruches. Man hat nun durch verschiedene Verfahren versucht, dem Grauguß höhere Festigkeitseigenschaften zu verleihen, teils durch Schmelzüberhitzung, um eine möglichst feine Ausbildung des Graphits zu erhalten, teils durch besondere Gattierung und besonders geleitete Abkühlung. Das Ergebnis der letzteren Versuche war der sog. „Perlitguß", der den Graphit in rein perlitischer Grundmasse enthält. (Bild 45.) Dieser Perlitguß eignet sich ausgezeichnet für den Zylinderguß, da er höhere Festigkeit und Härte besitzt, was für die Lauffläche des Zylinders von großem Vorteil ist.

Noch bessere Eigenschaften hat man erzielt durch Legierung hochwertigen Gußeisens mit Nickel und Chrom. Man erreicht hierdurch sehr feinen Graphit in einer sorbitischen Grundmasse (Bild 46), eine größere Gleichmäßigkeit in den einzelnen Querschnitten, außerdem wird durch Chrom und Nickel der Verschleißwiderstand sehr stark erhöht, und man erreicht ungefähr die doppelte Lebensdauer gegenüber normalen Zylindern. Der Guß ist zwar etwas teurer, doch macht

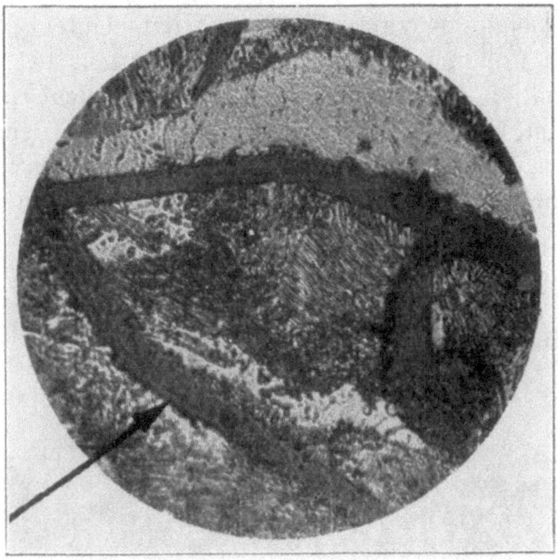

Bild 44. Normaler Grauguß.

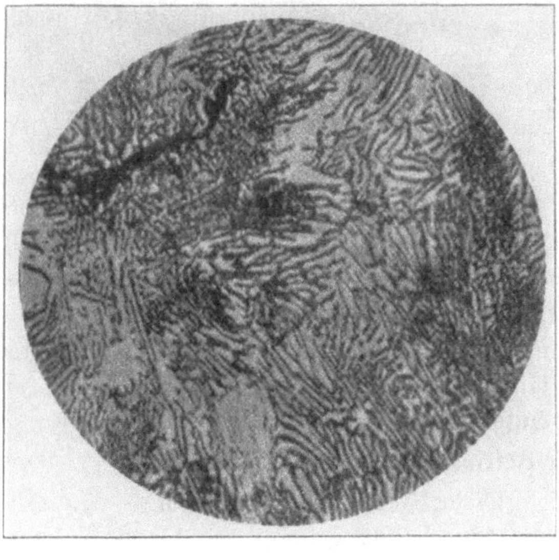

Bild 45. Perlitguß.

sich dieser Ueberpreis im Gebrauch wieder bezahlt. Hinzu kommt noch, daß Chromnickel — legiertes Gußeisen, ebenso wie Perlitguß, weniger starke Neigung zum „Wachsen“ hat. Unter „Wachsen“ versteht man eine Volumenvermehrung des Gußeisens bei abwechselnder Erwärmung und Abkühlung, deren Ursache noch nicht eindeutig geklärt ist. Aus diesem Grunde müssen die Zylinder vor dem Einbau ausgeglüht werden, um später im Betriebe ein „Wachsen“ auf ein Minimum zu beschränken und gleichzeitig Gußspannungen zu beseitigen.

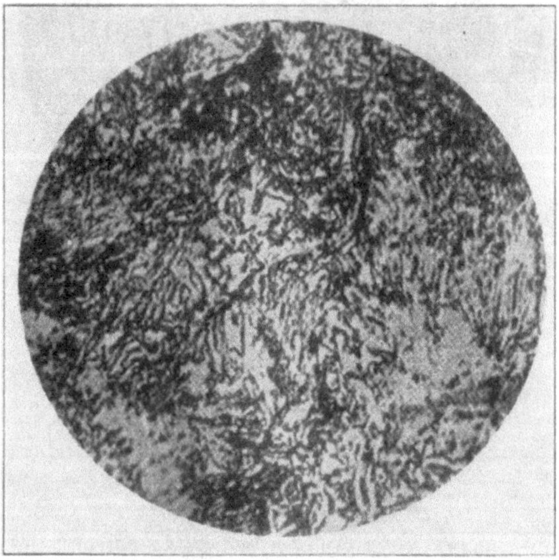

Bild 46. Chromnickellegiertes Gußeisen.

Da bei der Herstellung der Zylinder ein geringes Verschieben eines Kernes ungleiche Wandstärken ergibt, ging man dazu über, Stahlzylinder mit angeschweißtem Kühlwassermantel zu verwenden. Diese bieten verschiedene große Vorteile:

1. Die geringeren Wandstärken bedingen ein bedeutend niedrigeres Gewicht (ungefähr 1/3 desjenigen von Gußeisen) und damit verbunden geringeres Eigengewicht des Wagens.

2. Höhere Betriebssicherheit als Grauguß.

3. Ueberall gleiche Wandstärken. Infolge der dünneren Wandstärke ist eine bessere Kühlung möglich. Dadurch kann die Verdichtung gesteigert werden, was wiederum den thermischen Wirkungsgrad erhöht.

Der Stahlzylinder wäre demnach der ideale Zylinder, doch ist er in der Herstellung zu teuer, so daß er für Massenfabrikation nicht in Frage kommt. Lediglich für Flugzeugmotoren, Renn- und evtl. auch Sportwagen ist er unbedingt zu empfehlen.

Vielfach findet man auch Laufbüchsen aus Stahl, die in den gußeisernen und in diesem Falle auch leichtmetallenen Zylinder warm eingepaßt werden. Ueber die Nitrierung von Automobilzylindern ist bereits weiter oben gesprochen worden.

ZUSAMMENFASSUNG.

Die Zylinder werden meistens in Blockanordnung aus Grauguß gegossen. Für hochwertige Wagen ist Perlitguß oder $Cr = Ni$ legierter Grauguß zu empfehlen. Für höchste Beanspruchung ist der Stahlzylinder der geeignetste.

Bild 46a.
Vierzylinder-Block aus *Cr-Ni*-Grauguß.

DIE KUPPLUNG.

Die Aufgabe einer Kupplung besteht darin, zwischen Motor und Wechselgetriebe eine lösbare Verbindung herzustellen, um reibungsloses Schalten des Wechselgetriebes zu ermöglichen.

Es sind verschiedene Ausführungen von Kupplungen im Gebrauch: Die Konuskupplung, die Lamellenkupplung, die Mehrscheiben- und die Einscheiben-Trocken-Kupplung (Bild 47). Die letzteren sollen hier

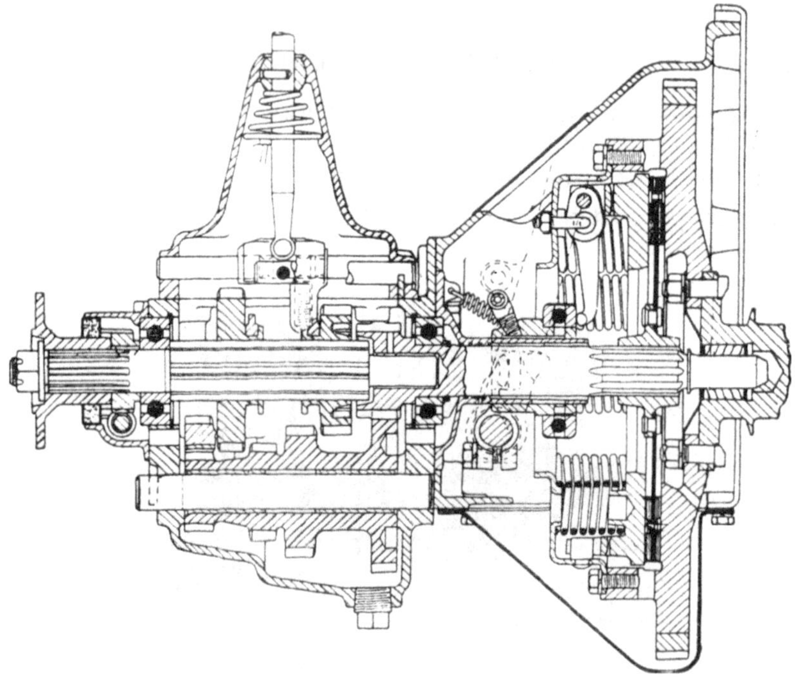

Bild 47. Schnitt durch die Kupplung und das Getriebe.

besprochen werden, da sie heute am häufigsten angewendet wird. In der Abbildung (Bild 47) besteht die Kupplung aus einer Druckplatte mit 6 oder 8 Druckfedern, 3 Ausrückhebeln und einer Treibscheibe. Diese Treibscheibe wird aus gehärtetem Stahl St C 4561 (SAE 1040) gefertigt und beiderseitig mit aufgenieteten Asbestkompositionsringen versehen, durch eine Gummigewebescheibe von der genuteten Nabe abgefedert. Die Nabe wird im Gesenk geschmiedet und aus Material ECN 35 (3315) hergestellt.

Die Kupplungswelle ist zweckmäßigerweise aus einsatzgehärtetem Material ECN 35 (3315) herzustellen, damit durch die Verschiebung der Nabe die Nutenwelle nicht zu sehr verschleißt. Die Kupplungswelle wird meistens vorne in Bronzebüchsen und am Eingang des Getriebes in Kugel- oder Rollenlagern gelagert. Die Kupplungswelle muß genau mit dem Getriebe und der Kurbelwelle ausgerichtet werden, da sonst Störungen auftreten.

Die Druckfedern müssen sehr stark ausgeführt werden, damit sie während der Fahrt eine zuverlässige Verbindung zwischen Motor und Getriebe gewährleisten. (Druck pro Feder ungefähr 70 kg.) Schlappe Kupplungsfedern lassen die Kupplung schleifen, wodurch die Scheibe sehr schnell abgenutzt wird. Weiterhin lassen schlappe Federn, sowie schlechtes Sitzen der Kupplungsnabe auf der Kupplungswelle die Kupplung klappern und schlagen. Dies ist für das Triebwerk äußerst ungünstig. Weiches und elastisches Mitnehmen der Kupplung ist aber eine Hauptbedingung für eine gute Kupplung. Man sehe daher auch auf niedrige Flächenpressung zwischen den Scheiben 0,2—1 kg/cm² durch entsprechende Abmessungen.

Die Abmessung der Kupplung soll jedoch nicht zu groß werden, damit das Gesamtgewicht klein bleibt.

Zu schwere Kupplungen mit schweren Massen haben nämlich infolge ihrer größeren Massen größere Massenträgheitsmomente. Beim Schalten macht sich dies sehr bemerkbar, da die Kupplungswelle lange Zeit zur Beruhigung braucht und dadurch ein geräuschloses Schalten äußerst schwierig wird.

Hier soll noch auf die neue NAG-Kupplung hingewiesen werden. Dies ist eine automatische Fliehkraftkupplung, welche das gewaltsame Ineinanderschieben der Zahnräder vermeiden will. Mit einer gewöhnlichen Reibungskupplung ist eine Fliehkrafteinrichtung kombiniert, welche den Motor bei einer gewissen Umdrehungszahl durch Fliehkraftpendel einkuppelt. Läßt die Umdrehungszahl des Motors beim Wegnehmen des Gases nach, so kuppeln die Fliehkraftgewichte durch Verringern der Fliehkraft den Motor aus. Durch diese Anordnung ergibt sich für den Motor sowie für die sämtlichen Antriebsteile infolge des jeweiligen weichen Kuppelns ein großer Vorteil gegenüber üblichen Kupplungsarten.

ZUSAMMENFASSUNG.

Weiches und sanftes Kuppeln durch starke Druckfedern und große Reibflächen erforderlich. Leichte Kupplungsmassen ergeben bessere Schaltmöglichkeit. Material für Nabe und Welle ECN 35 für Triebscheibe St C 4561 (Einscheiben-Trocken-Kupplung).

DAS SCHALTGETRIEBE.

Die meist verbreitete Bauart ist das Schubräderwechselgetriebe mit drei oder vier Gängen und mit zwei parallel zueinander liegenden Wellen, von denen eine Welle verschiebbare Zahnräder trägt (vgl. Bild 47).

Durch die Vervollkommnung der Motoren im Anzugsmoment und elastischem Arbeiten (gleichmäßiges Drehmoment) ist es möglich geworden, auf den vierten Gang zu verzichten.

DIE ÜBERSETZUNGSVERHÄLTNISSE

sind so zu wählen, daß bei jeder Schaltung die günstigste und wirtschaftlichste Drehzahl, welche für den Motor das größte Drehmoment entwickelt, eingehalten werden kann (zu bestimmen aus dem Motorleistungsdiagramm).

Das Verhältnis der Hinterachsübersetzung wählt man bei Gebrauchswagen heute so, daß die Geschwindigkeit im direkten Gang ungefähr 90—100 km beträgt, jedoch eine Beschleunigung von 0,8 bis 1 m/sec², entsprechend 10 % Steigung, vorhanden ist. Gebräuchliche Hinterachsübersetzungen sind 1 : 4,5 — 1 : 5,5. Die größte Uebersetzung im Wechselgetriebe selbst muß so groß sein, daß eine Steigung von 30 % gefahren werden kann. Zur Berechnung der größten Gesamtübersetzung hat man folgende Ueberschlagsformel:

$$M = \frac{60 \cdot \pi \cdot D \cdot n}{1000 \cdot v}$$

darin bedeutet M die Gesamtübersetzung, D den Raddurchmesser, n die Umdrehungszahl des Motors und v die geforderte Höchstgeschwindigkeit. Die anderen Abstufungen werden entweder geometrisch oder nach Leistungsbedarf oder Geländeart, in der der Wagen gefahren werden soll, gewählt. Im folgenden sind einige gebräuchliche Uebersetzungsverhältnisse aufgestellt:

Lt. Inhalt	St-PS.	n max	Md. Motor mkg	bei n	4. G.	3. G.	2. G.	1. G.	R.
				4-Ganggetriebe					
1,5	5,7	3000	8,05	1600	1 : 1	1 : 1,6	1 : 2,5	1 : 4,3	1 : 4
2,25	8,5	2900	12,5	1600	1 : 1	1 : 1,61	1 : 2,6	1 : 4,2	1 : 4
3	12	2800	18	1600	1 : 1	1 : 1,61	1 : 2,5	1 : 4	1 : 4
4,5	18	2400	26	1200	1 : 1	1 : 1,67	1 : 2,7	1 : 5	1 : 4

*) Vgl. Literatur: Bussien. Automobiltechn. Handbuch. M. Krayn.

3-Ganggetriebe

1,1	4,2	3000	5,8	1700	1:1	1:1,67	1:3	1:3
2	8	3000	11,2	1700	1:1	1:1,8	1:3	1:4
3	12	2800	18	1500	1:1	1:1,8	1:3,6	1:4

Viele hochwertige Wagen, die auf Höchstgeschwindigkeiten von 120—130 km nicht verzichten wollen, verwenden 4-Ganggetriebe, da hierbei die Hinterachsübersetzung niedriger gewählt werden kann, so daß der Motor auch bei höheren Geschwindigkeiten nicht allzu hohe Touren macht.

Bild 48. Maybach-Schnellganggetriebe.

Neuerdings findet auch das sogenannte Schnellganggetriebe*), welches bei hoher Geschwindigkeit eingeschaltet wird, vielfach Verwendung. Dadurch ist es möglich, bei gleichbleibender Drehzahl des Motors und der Getriebewelle der Kardanwelle eine erhöhte Geschwindigkeit zu verleihen. Zur Erreichung einer bestimmten Geschwindigkeit braucht demnach die Motordrehzahl nicht in dem Maße erhöht zu werden, wie bei einem Fahrzeug ohne Schnellganggetriebe. Dadurch wird der Brennstoffverbrauch und die Abnutzung

*) Literatur. Schnellganggetriebe v. Soden. Motorw. 29, H. 13.

der Einzelteile herabgesetzt und die zu erzielende Höchstgeschwindigkeit erhöht. Eine sehr bekannte Ausführung ist das Maybach-Schnellganggetriebe (Bild 48), das zwischen dem Getriebe und der Kardanwelle als Vorgelege eingebaut wird. Das Getriebe hat vier dauernd miteinanderlaufende Zahnräder mit Schraubenverzahnung. Die Wellen sind in Rollen gut gelagert. Die Schaltung geschieht mit Hilfe einer Klauenkuppelung. Die Klauen greifen durch Schrägausführung nur dann ineinander, wenn die beiden Wellen synchron laufen. Da-

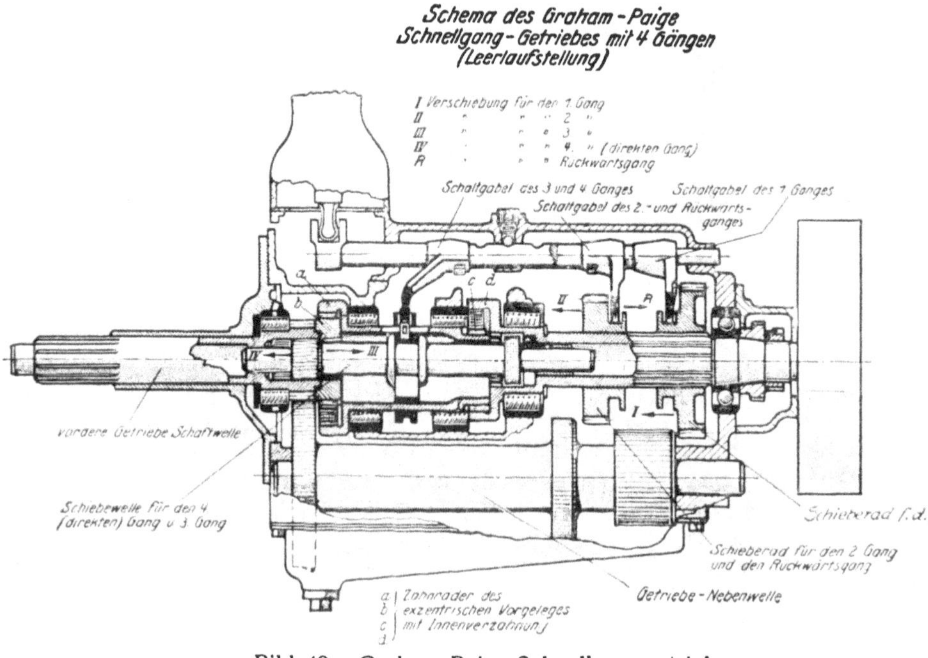

Bild 49. Graham-Paige-Schnellganggetriebe.

durch kann ohne Bedienung der Kupplung das Getriebe ein- und ausgeschaltet werden.

Andere Ausführungen des Schnellganggetriebes sind die von Graham-Paige und Warner, die in das Getriebe selbst eingebaut werden. Bild 49 zeigt das Graham-Paige-Getriebe. Der dritte Gang wird hier durch ein Vorgelege mit Innenverzahnung, bestehend aus zwei Räderpaaren übertragen. Das Vorgelege ist im vorderen Teile des Getriebes exzentrisch zur Hauptwelle angeordnet. Die Schaltung des dritten und vierten Ganges erfolgt durch eine verschiebbare Welle mit zwei Eingriffverzahnungen innerhalb des exzentrischen Vorgeleges. Dieses Getriebe ist fahrtechnisch sehr einfach und zeichnet sich infolge der Innenverzahnung durch Geräuschlosigkeit und guten Zahneingriff aus.

Zu erwähnen wäre noch das Synchrongetriebe der General Motors Comp. Der Zweck des Getriebes ist das Vermeiden des gewaltsamen Ineinanderrückens der Zahnräder. Bei der Schaltbewegung des zweiten und dritten Ganges werden durch Metallkonusse die Umdrehungsgeschwindigkeiten der zu schaltenden Räder abgebremst und synchronisiert.

BEANSPRUCHUNG UND BERECHNUNG DES GETRIEBES.

Durch die Vereinigung hohen Schnellaufs mit guter Leistungsausbildung auch bei mittleren und niedrigen Tourenzahlen werden die Zahndrücke und damit die Reaktionsdrücke in den Lagern geringer. Bei größerem Anzugsmoment des Wagens kann häufiges Schalten vermieden werden, wodurch das Getriebe sehr geschont wird.

Bei der Festigkeitsberechnung der Zähne rechnet man bei Anwendung der Formel $P = c \cdot b \cdot t$ heute mit

$c = 320$ beim 2. Gang

$c = 420$ beim 1. Gang, ohne daß Ueberbeanspruchungen zu befürchten sind.

P = Zahndruck $\qquad t$ = Teilung

c = Koeffizient $\sim 0{,}06—0{,}07\ K_b \qquad b$ = Zahnbreite

Dasselbe gilt für das ganze übrige Triebwerk. Der Zahndruck P ist aus der Höchstleistung des Motors mit Hilfe folgender Formel

$$M_d = P \cdot r = 71\,620 \cdot \frac{N}{n}$$

zu berechnen. Hierin bedeutet N die Leistung, n die Umdrehungszahl, r den Teilkreishalbmesser.

BERECHNUNG DER WELLEN.

Die Wellen werden auf Biegung und Drehung beansprucht. Die resultierende Beanspruchung ist

$$M_{res} = 0{,}35 \cdot M_b + 0{,}65 \sqrt{M_b^2 + (\alpha_o \cdot M_d)^2} \qquad \alpha_o = \frac{K_b}{1{,}3 \cdot K_d}$$

Die Wellen sollen sehr steif sein, damit sie sich nicht durchbiegen und periodische Schwingungen und Geräusche verursachen. Zweckmäßig ist es, Wellen mit großem Durchmesser zu verwenden, die zur Gewichtserleichterung ausgebohrt werden. Bei der Berechnung ist zu berücksichtigen, daß beim Befahren von Schlaglöchern und Straßenunebenheiten die Beanspruchungen des Getriebes den drei- bis vierfachen Wert annehmen können.

In diesem Falle treten nämlich neue Momente aus der Beschleunigung beim Befahren der Vertiefung, Schrägstellung der Achse und Senken des Antriebs hinzu. Damit nun hierdurch das Getriebe nicht gefährdet wird, sorgt man für einen Ausgleich, indem man das Kupplungsmoment durch entsprechende Abmessung der Reibfläche nur doppelt so groß macht als das Drehmoment des Motors. Auf diese Weise ist gewissermaßen ein Ventil für zu hohe Beanspruchung bei Bodenunebenheiten geschaffen, da beim Ueberschreiten des doppelten Drehmomentes die Kupplung schleift.

Weitere konstruktive Maßnahmen, um diese Beanspruchungen zu verringern, sind folgende:

1. langes Stützrohr der Kardanwelle, damit ein kleiner Ausschlagwinkel beim Senken des Antriebs entsteht. (Winkelverschiebung der Kardanwelle ergibt bekanntlich Unterschied in der Umfangsgeschwindigkeit der Welle.)
2. Elastische Gelenke als Verbindungsstücke der Getriebe- und Kardanwelle. Zu empfehlen sind zwei Gelenke, welche die Ungleichförmigkeit in der Umfangsgeschwindigkeit der Wellen aufheben.
3. Große Spurweite, um die Schrägstellung des Wagens zu verkleinern.
4. Weiches und gefedertes Mitnehmen der Kupplung durch niedrige Flächenpressung zwischen den Scheiben.

DIE VERZAHNUNG.

Man wendet bei den Wechselgetrieben ausschließlich die Evolventen-Verzahnung an, da dieselbe für unrichtigen Achsabstand weniger empfindlich und sich durch einfache mechanische Herstellung der Zähne auszeichnet. Die Flankenform ist möglichst der theoretischen Evolventenform anzupassen. Der Eingriffswinkel $\alpha = 70^0$ ist der meistangewandte (Bild 50). Bei diesem Winkel erhält man nämlich bis zu 18 Zähnen eine fast unterschnittfreie Zahnform ohne Profilverschiebung oder Kopf- oder Fußrundung. Bei $\alpha = 75^0$ ist die Grenzzahl 30 Zähne. Außerdem gibt der kleinere Winkel günstigere Werte hinsichtlich Biegungsfestigkeit und Flächenpressung und eine große Ueberdeckungsdauer (Eingriffsdauer), wodurch gleichförmigere Eingriffe gewährleistet werden*).

*) Automobil-Industrie. Juli 54. 1926. Nr. 16.

Bei sehr großen Zahnradübersetzungen, d. h. bei kleinen Zahnzahlen müssen die Zähne des Trieblings unterschnitten und dadurch geschwächt werden. Man wendet daher vielfach die sogenannte Kurzverzahnung mit Höhen- und Seitenkorrektionen an (Bild 51). Der

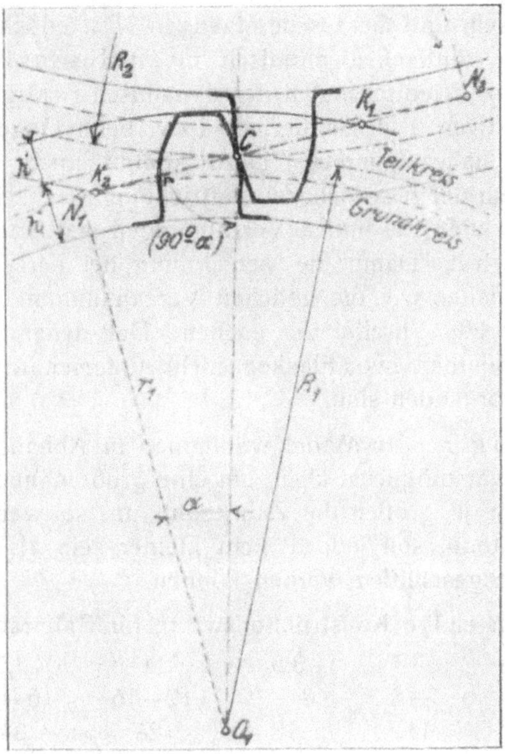

Bild 50. Evolventenverzahnung.

Bild 51. Evolventen-Kurz-Verzahnung.

Zahnkopf des kleinen Rades wird um den Korrektionswinkel vergrößert und der Zahnkopf des großen Rades wird verkleinert. Durch den Wegfall des der größten Reibung ausgesetzten Stückes der Evolvente wird eine sehr geringe Abnutzung und ruhiger Lauf erzielt.

Die bisher besprochene Zahnform hat jedoch eine **dynamische Fehlerhaftigkeit***). Man hat bei der Gestaltung der Zahnform auf die im Berührungspunkt der Zahnflanken vorhandene Reibungskraft keine Rücksicht genommen. Dadurch werden während des Eingriffs Kraftwirkungen hervorgerufen, die dauernd ihre Richtung, Größe und Kraft wechseln und Geräusche erzeugen. Da jedoch der Reibungskoeffizient der Zahnflanken praktisch nie null sein kann, versuchte die Zahnradfabrik Friedrichshafen der dynamisch richtigen Form durch Verlegen des aktiven Teiles außerhalb bzw. beim Gegenrad innerhalb des Teilkreises nahezukommen. Dazu kommt noch, daß der Teilpunkt, in welchem der besprochene Kraftrichtungswechsel der Reibungskomponente bei allen bekannten Verzahnungen stattfand, gar nicht als Eingriffspunkt wirkt. Damit die Verzahnung bei derselben Belastung dieselbe Lebensdauer wie die üblichen Verzahnungen besitzt, sind die Zähne ungefähr 20 % breiter zu machen. Der dynamische Ausgleich ist überall anwendbar, wo Flanken nicht unterschnitten und Zähne nicht unter 18 vorhanden sind.

Die **Teilung** $t = \pi \cdot$ Modul wählt man in Abhängigkeit von der Leistung und zwar möglichst klein, um eine große Zähnezahl ($>$ 18) zu bekommen, denn je größer die Zähnezahl, um so weniger Geräusch entsteht. Der Modul soll jedoch nicht kleiner sein als 3,5, damit die Zahnflanken nachgeschliffen werden können.

Im folgenden einige Konstruktionswerte für Zahnräder:

Modul	3	3,5	4	4,5	5
St-PS	4—8	8—12	12—16	16—25	25—38
M_d Motor mkg	11	18	28	39	58
Zahnbreite mm	16	18	21	23	25

Zwecks Geräuschverminderung sind folgende konstruktive Einzelheiten bei Getrieben zu beachten:

Weitgehendste Annäherung der Flanken an die theoretische Evolventenform. Dies ist besonders wichtig bei der Kurzverzahnung. Die Flanken sind nach der Bearbeitung und Härtung zu schleifen. Erforderlich ist ferner: Genaue Teilung. Genaue Uebereinstimmung der Teilkreise. Symmetrie der Zähne, Parallelität der Zähne zur Rotationsachse. Konzentrizität des Teilkreises zur Achse. Keinen Grat und Rattermarken. Genau gebohrte Getriebekästen. Keine herausragenden Radkränze, da sich dieselben beim Einsetzen verziehen und einseitig

*) Vergl. V.D.I. 1926. Nr. 44.

beansprucht werden. Gut abgerundete Zähne, damit sie sich leicht schalten lassen.

Die Verriegelung der Schaltstangen so einrichten, daß ein Eingriff von mehreren Gängen auf einmal unmöglich ist.

Genügend Kopfspiel der Zahnräder, 0,1—0,2 mm, da sonst schon bei geringen Abweichungen im Durchmesser sowie bei Schlagen des Rades die Zähne auf dem Zahngrund auflaufen. Das Kopfspiel darf jedoch nicht zu groß sein, damit die Zähne auf der ganzen Fläche tragen. Die Achsen der Räder dürfen keine größeren Abstandsunterschiede als 0,08 mm haben.

Die Lagerung der Räder und Naben auf den Wellen muß genügend lang sein, um ein Taumeln zu vermeiden, da dies zu periodischen Geräuschen Anlaß gibt.

Bild 52. Abgenutztes Zahnrad infolge windschiefer Wellen.

Die Wellen selbst sollen steif sein (großer Durchmesser ausgebohrt) und gut gelagert werden, damit sie sich nicht durchbiegen und das Eingreifen der Zähne unrichtig wird. Bild 52 gibt ein Zahnrad wieder, bei dem durch windschiefe Lage der Wellen einseitige Abnutzung an der Flankenform auftrat. Nach dem Verschleiß der Einsatzschicht vollzog sich der Eingriff nur noch stoßweise, wodurch bald ein Dauerbruch erfolgte.

Das Getriebe darf durch die Verformungen und Verwindungen des Rahmens sowie durch andere äußere Kräfte nicht beansprucht werden. Schubkräfte sind daher an einer besonderen Traverse mittels Kugelpfanne aufzunehmen.

Für die Aufhängung des Getriebes hat man verschiedene Anordnungen. Im allgemeinen wird das Getriebe an den Motor angeflanscht (Blockkonstruktion), da diese Ausführung einfach und billig ist. Man findet zwar auch noch Getriebe, die in drei oder vier

Punkten im Rahmen aufgehängt werden und zur Versteifung desselben dienen.

Der Rahmen ist durch genügend großen und breiten Steg so steif zu halten, daß möglichst alle Verwindungen desselben vermieden werden. Der Rahmen wird aus Stahlblech mit 60 bis 65 kg/mm² Festigkeit (St C 4561, SAE 1045) gepreßt.

KONSTRUKTIVE ANORDNUNG DES GETRIEBES.

Bild 47 (vgl. S. 77) zeigt eines der gebräuchlichsten 3-Ganggetriebe. Der Kupplungsdruck wird von einem besonderen Drucklager aufgenommen. Die Getriebehauptwelle ist an dem einen Ende in einem Gleitlager in der Kupplungswelle gelagert, während das Lager am anderen Wellenende als Kugellager ausgebildet ist. An Stelle von den Kugel- oder Gleitlagern findet man auch sehr häufig die bewährten Rollenlager. In der Abbildung 47 ist die Vorgelegewelle fest. Auf ihr drehen sich die Vorgelegeräder in Bronzebüchsen. Die deutschen Getriebe haben durchweg eine sich drehende Vorgelegewelle, welche in Kugel- oder Rollenlagern gelagert ist. Die Vorgelegezahnräder sind zusammenhängend aus einem Stück geschmiedet und dauernd in Drehung. Dies ist außer der billigen Bearbeitung ein konstruktiver Vorzug, da die Räder infolge der großen und starken Führung nicht taumeln können. Die Schieberäder auf der Hauptwelle müssen zwischen den Nuten genau und breit geführt werden, damit der Radialschlag äußerst gering ist. Das Hauptantriebsrad und die Kupplungswelle sind aus einem Stück gefertigt. Der große Gang arbeitet im direkten Eingriff durch Innenverzahnung (geräuschlos).

Die Schalteinrichtung wird zweckmäßig unmittelbar am Deckel des Getriebes angebracht, damit das Gestänge von allen Nebenbeanspruchungen und Klemmungen frei ist. Bei Anwendung der Mittelschaltung müssen mehrere Schieber verwandt werden. Einige deutsche Fabriken bauen einbaufertige Getriebeaggregate, wie z. B. die Zahnradfabrik Friedrichshafen, die Prometheus-Werke in Berlin und Vorwerk-Barmen. Diese Getriebe werden für Personen- und Lastwagen in verschiedenen Größen gebaut und weisen alle diesbezüglichen Kraftfahr- und DIN-Normen auf, so daß sie weitgehendste Verwendung finden können.

DIE HERSTELLUNG DES GETRIEBES.

Die Getrieberäder werden heute durchweg im Gesenk oder auf Schmiedemaschinen hergestellt, da durch Abstechen aus dem Vollen der Faserverlauf zerstört und der Widerstand der Zähne gegen Biegungsbeanspruchung herabgesetzt wird. Das Ausgangsmaterial für die Räder ist Rundmaterial, das bei mittleren und großen Rädern unter dem Hammer vorgeschmiedet und dann in Gesenken fertig geschmiedet wird. Für die Vorgelegeräder werden vielfach sogenannte Rollgesenke verwendet. Durch das dauernde Drehen des Werkstückes im Gesenk entsteht kein Grat, wodurch ein Abgraten überflüssig wird. Die kleineren Räder werden in 2—3 Arbeitsgängen auf der Schmiedemaschine gestaucht und werden so äußerst billig und einfach hergestellt. Bei dem Schmieden ist wiederum darauf zu achten, daß keine Schmiedefehler durch Ueberhitzung des Materials vorkommen und daß das Material auch nicht zu kalt geschmiedet wird, damit es im Gesenk gut fließen kann. Nach dem Schmieden wird das Material geglüht, um ein feines Gefüge zu erhalten. Dies ist für die nachfolgende mechanische Bearbeitung sehr günstig, da sich das Material leichter bearbeiten

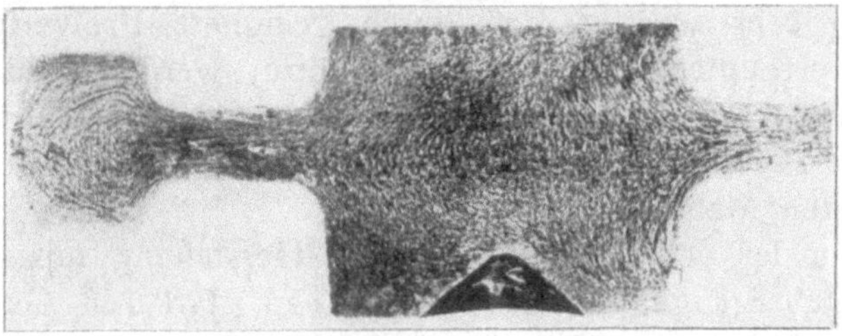

Bild 53. Richtiger Faserverlauf bei einem Zahnrad.

läßt. Zur mechanischen Bearbeitung der Zahnräder hat man verschiedene Verfahren:

1. Mittels Formfräser nach dem Teilverfahren auf Zahnradautomaten. Dieses Verfahren ist wenig genau und wird selten für die Herstellung angewandt.
2. Abwälzverfahren mit hinterschliffenen Fräsern. Das Werkzeug wird dem bearbeitenden Rad gegenüber in eine relative Bewegung gesetzt. Hierbei entstehen glatte Zahnflächen und man braucht für jeden Modul nur ein Werkzeug im Gegensatz zum Verfahren 1. Besser als Verfahren 1, jedoch nur für mittelmäßige Fahrzeuge zu verwerten, da es nicht unbedingt genau ist.
3. Hohe Produktionsziffern bei genauer Arbeit erzielt die Fellow-Stoßmaschine.
4. Ein sehr viel angewandtes und genaues Verfahren ist die Herstellung nach dem Bilgram-Prinzip, Leitlinie eine Gerade beim

Aushobeln der Zähne auf der Hobel-Schleifmaschine der Firma Reinecke und der Firma Maag.

Im Gegensatz zur Maschine der Firma Reinecke schneidet die Maagsche Maschine die Zahnköpfe nicht gegenüber der Evolvente zurück, sondern führt mit gutem Erfolge die Teilung auf dem Grundkreis des treibenden Rades um rund 0,04 mm größer aus als auf dem des getriebenen Rades. Die Bearbeitung der Zähne geschieht durch eine mehrzähnige Zahnstange, deren Zahnschneiden die Lücken ausheben. Der Vorschub darf nicht zu stark genommen werden, damit sich das Rad durch hervorgerufene Spannungen nicht wirft. Die Zahnstange kann durch eine Schleifscheibe ersetzt werden, so daß für Stoßen und Schleifen nur eine Maschine notwendig ist. Durch das nachträgliche Schleifen der Zähne werden die Dreh- und Fräsriefen und Verziehungen, die durch die Einsatzhärtung der Räder verursacht werden, beseitigt. Die Zahnräder arbeiten dadurch geräuschloser. Es ist natürlich sehr wichtig, daß durch geeignete Prüfverfahren und Geräte die erzeugten Zahnräder nachgeprüft werden, und zwar auf Teilungsfehler, Flankenschlag, ungenaue Zahnform. Die Prüfapparate, u. a. von Zeiss - Jena, kommen den Forderungen der Werkstatt im weitgehendsten Maße nach.

Die Form der Zahnräder soll sich der Herstellung anpassen. Allzu plötzliche Uebergänge von schwächeren zu stärkeren Querschnitten sind zu vermeiden, da dies ein ungleichmäßiges Durchwärmen der Stücke und somit ein Verziehen beim plötzlichen Abschrecken verursacht. Scharfe Ecken und Kanten, die infolge ihrer schnelleren Abkühlung beim Abschrecken ein Werfen hervorrufen, sind ebenfalls zu vermeiden. Die Form muß möglichst glatt und einfach gehalten werden, da sich komplizierte Räder beim Härten verziehen. Das sind Fehler, die auch das Fertigschleifen nicht mehr beseitigen kann.

Die G e t r i e b e - S c h i e b e w e l l e n, die mit Nuten versehen werden, sind bei kleinen Abmessungen aus vorgewalztem Material zu ziehen oder bei größeren mit Fräser zu bearbeiten. Die Wellen müssen geschliffen werden, damit die Räder möglichst leicht verschoben werden können.

Da die Räder durch das dauernde Aufeinanderarbeiten der Zahnflanken hauptsächlich auf O b e r f l ä c h e n v e r s c h l e i ß und durch unsachgemäßes Schalten und ungleichen Eingriff auch Stoßbeanspruchungen ausgesetzt sind, ist in den meisten Fällen ein legierter Einsatzstahl mit glasharter Oberfläche und zähem Kern nach dem Einsetzen zu verwenden. Man nimmt im allgemeinen ECN 35 (SAE 3315) und für höchste Beanspruchungen ECN 45 (SAE 3415). Die Schiebewellen sind ebenfalls aus diesem Material anzufertigen, da sie durch die Schaltbewegung der Räder auf der Oberfläche verschleißen.

DAS EINSETZEN VON ZAHNRÄDERN.

Nach der mechanischen Bearbeitung wird das Material eingesetzt. Die gut in Kästen eingepackten Zahnräder werden mehrere Stunden (6—10) bei 830—850° in Einsatzpulver geglüht. Die Zeitdauer richtet sich nach der gewünschten Einsatztiefe, die bei Zahnrädern etwa 1,0—1,5 mm betragen soll. Der Einsatzprozeß ist durch Probestäbe zu überwachen. Im übrigen sind die auf S. 52 gegebenen Regeln für Einsatzbehandlung zu beachten. Wenn die gewünschte Einsatztiefe erreicht ist, läßt man die Stücke langsam im Ofen erkalten. Durch die nachfolgende Härtung bei 780—800° in Oel erhält man in der Randzone den feinnadeligen Martensit. Eine Härtung in Wasser ist für diese hochlegierten Stähle zu schroff und bewirkt Rißbildung. Dieses Verfahren findet jedoch für Zahnräder kaum Anwendung.

Durch die lange Einsatzdauer ist im Kern eine sehr starke Kornvergröberung eingetreten, die durch das Wiedererhitzen auf 780° und Abschrecken in Oel nicht verändert wird. Da die Zähigkeit des Materials aber sehr stark abhängig ist von der Korngröße, ist es notwendig, zur Erzielung eines zähen Kernes vor der letzten Härtung von 780° eine Zwischenbehandlung vorzunehmen.

Nachdem die Stücke langsam im Kasten erkaltet sind, werden sie 2—3 Stunden bei 630° geglüht, wodurch eine Rückfeinung des Kernes bewirkt wird. Erst nach dieser Zwischenglühung erfolgt dann die Härtung bei 780°. Bei der Zwischenglühung sind die Stücke in altes Einsatzpulver einzupacken, um eine Entkohlung zu verhindern. Ueberhaupt ist bei allen Wiedererwärmungen nach dem Einsetzen streng darauf zu achten, daß keine Randentkohlungen eintreten, da diese weiche Stellen verursachen und später im Betriebe zu Beanstandungen führen. Diese Wärmebehandlung wird in der Hauptsache bei großen Tellerrädern angewendet, bei denen die Gefahr des Verziehens sehr stark ist.

Das am meisten angewendete Verfahren für Getriebezahnräder ist jedoch die sogenannte Doppelhärtung. Die Stücke werden direkt aus dem Einsatzkasten von 830—850° in Oel abgeschreckt. Diese Härtung bezweckt eine Erhöhung der Kernfestigkeit, die bei Zahnrädern 90 bis 120 kg/mm² und bei höchsten Beanspruchungen bis 140 kg/mm² betragen soll. Danach erfolgt die zweite Härtung, die bei 780° in Oel vorgenommen wird. Hierdurch erhält man die gewünschte glasharte Oberfläche, die eine Härte von C 60—64 Rockwelleinheiten entsprechend 650 Brinelleinheiten besitzt. Der Kern wird durch diese zweite Härtung angelassen und erhält die nötige Zähigkeit. (Dehnung 13—10 % bei fünffacher Meßlänge.) (Kerbzähigkeit 14—12 mkg/cm².) Häufig wird auch hier die oben erwähnte Zwischenglühung angewendet, um die Spannungen, die von der ersten Härtung evtl. vorhanden sind, zu beseitigen. Bild 54 zeigt das Kerngefüge eines gut gehärteten Stahles der Gruppe ECN 35.

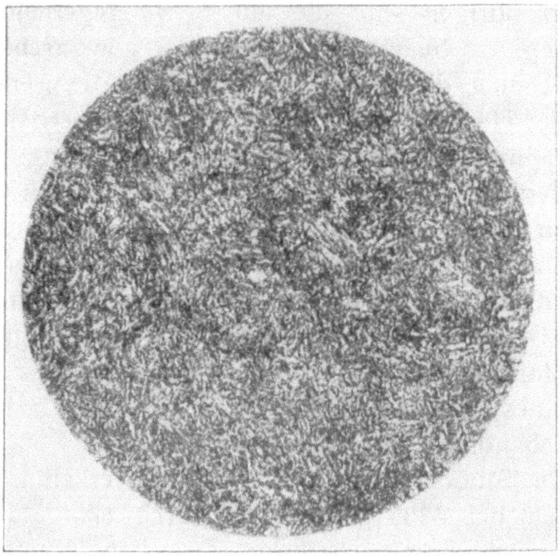

Bild 54. Kerngefüge eines gut gehärteten Einsatzstahles (ECN 35).

Bei allen Härtungen muß darauf geachtet werden, daß die Zahnräder gut im Einsatzkasten bzw. im Ofen liegen und genau in Richtung der Achse in die Abschreckflüssigkeit eingetaucht werden, da sonst sehr leicht Spannungen und Verziehen der Stücke auftreten. Um das Verziehen auf ein Minimum zu beschränken, wird vielfach an Stelle des oben erwähnten Normalisierens nach dem Schmieden auch hier schon eine Härtung mit nachfolgendem Anlassen bei 630° und langsamer Abkühlung im Ofen vorgenommen. Man erzielt hiermit eine noch bessere Bearbeitbarkeit und wegen bereits einmaliger Härtung weniger starkes Verziehen bei der Einsatzbehandlung.

Leider gibt es bis jetzt noch kein Verfahren, bei dem die Zahnräder die genaue Form auf 0,01 oder sogar auf 0,001 mm einhalten.

Auch das bekannte Kruppsche Nitrierverfahren löst diese Aufgabe nicht restlos. Hier handelt es sich um einen mit Cr- und Al-legierten Sonderstahl mit 1,5—2 % Cr, ungefähr 0,5 % Al und 0,2—0,4 % C, der durch Einwirkung von Ammoniak bei 560° ohne nachfolgendes Abschrecken eine glasharte Oberfläche erhält. Aber auch hier ist eine geringe Volumenveränderung zu beobachten. Die Praxis muß erst noch zeigen, ob das Nitrierverfahren in der Lage ist, das Einsatzverfahren abzulösen.

Ein gutes Verfahren, das Verziehen von Zahnrädern bei der Härtung zu vermeiden, ist in der Gleason-Härtemaschine entwickelt. Hierbei wird das Rad durch Paßformen aufgenommen und unter hydraulischem Druck von ca. 6 Atm. in die Härteflüssigkeit getaucht. Der Härteverzug ist so äußerst gering, die Maßhaltigkeit wird bis auf einige Hundertstelmillimeter garantiert. Dieses Verfahren wird durchweg angewandt zum Härten von großen Tellerrädern. Für Getrieberäder kommt es weniger in Betracht.

Für gering beanspruchte kleine Räder hat man in Amerika eine Einsatzhärtung mittels kohlender Gase eingeführt. Diese besteht darin, daß in eine auf 800—850° erhitzte Drehtrommel ein Gemisch von Benzin und Ammoniak eingeblasen wird, so daß die darin befindlichen Stücke davon umspült werden. In einer Stunde erreicht man eine Kohlung von 0,4—0,5 mm Tiefe. Neuerdings braucht man auch für Zahnräder für geringe Beanspruchung, also für leichte Wagen mit überdimensioniertem Getriebe einen Oel- oder Lufthärtestahl mit Festigkeiten von 170 kg/mm² (SAE 5150) und 8 % Dehnung (l = 5 d). Diese Stähle haben sich im Betriebe recht gut bewährt. Die Vorteile des Materials liegen darin, daß die Einsatzbehandlung fortfällt, also die Räder beträchtlich billiger herzustellen sind und sich auch infolge Fortfallens des Einsetzens nicht so stark verziehen.

Eine Prüfung hinsichtlich der Härte der Randzone geschieht am besten durch den Rockwellhärteprüfer, bei dem eine Diamantspitze in die Oberfläche eingedrückt wird. Weiterhin wird das Skleroskop viel verwendet, das ein Rücksprunghärteprüfer ist. Die Brinellpresse ist zur Ermittlung der Oberflächenhärte unbrauchbar, da sich die harte Oberfläche in die weichere Kernzone eindrückt.

Eine einfache und sehr gute Prüfung ist die mit der Diamantfeile. Die Kernfestigkeit des Materials wird dadurch geprüft, daß Zerreißstäbe blind eingesetzt werden, d. h. ohne Anwendung eines Zementationsmittels. Die Wärmebehandlung ist die gleiche wie beim eingesetzten Stück.

ZUSAMMENFASSUNG.

Das gebräuchlichste Schaltgetriebe ist das Dreiganggetriebe, welches an den Motor angeflanscht wird.

Um ein richtiges und geräuschloses Arbeiten der Zahnräder zu gewährleisten, müssen folgende Forderungen erfüllt werden:

Gute Lagerung der Räder, damit sie nicht schlagen oder taumeln.

Gute und schnelle Lagerung und genügende Starrheit der Wellen.

Richtiger Abstand der Wellen.

Genügend Spiel der Räder.

Evolventen-Kurzverzahnung.

Das Material für Zahnräder und Wellen soll ein legierter Einsatzstahl ECN 35 oder ECN 45 (SAE 3315 bzw. 3415) sein. Die Herstellung und Fertigbearbeitung nach Maag-Verfahren oder ähnlichen gleicher Güte.

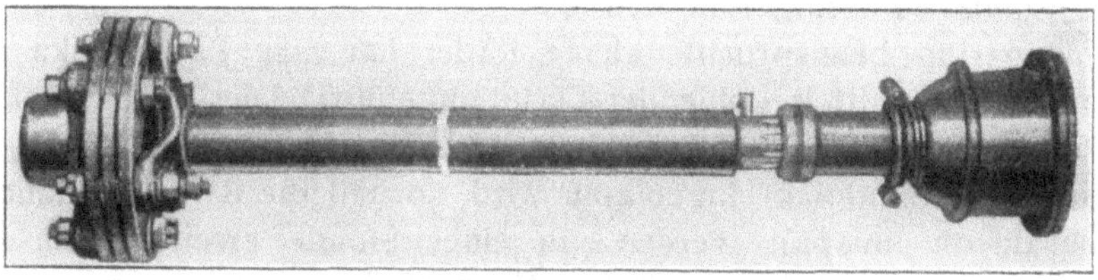

Bild 55. Kardanwelle.

DIE KARDANWELLE.

Die Kardanwelle überträgt das Antriebsmoment vom Getriebe auf die Hinterachse. Infolge ihrer großen Länge neigt sie leicht zu Biegungs- und Drehschwingungen. Man baut daher des öfteren hohle Kardanwellen ein, da diese wegen ihrer großen Starrheit den vollen Wellen vorzuziehen sind (Auswuchten) (Bild 55). Als Material verwendet man im allgemeinen VCN 35 (SAE 3335) mit einer Festigkeit von 90—105 kg/mm² bei 12—10 % Dehnung (l = 10 d). Neuerdings hat sich ein Cr-Mo-Stahl mit 110 kg/mm² Festigkeit sehr gut bewährt. Da beim Fahren über unebenes Gelände die Hinterräder aus ihrer Ebene schwingen, sind zwischen Getriebe und Welle elastische Zwischenglieder einzuschalten, um Klemmungen zu vermeiden. Die bekanntesten Gelenke sind die K r e u z g e l e n k e. Die drehende Bewegung von der einen Welle auf die andere wird auch dann noch von der Kreuzgelenkkupplung übertragen, wenn die Mittellinien der Wellen zueinander wesentlich von der Geraden, also 180° abweichen. In diesem

Falle erfolgt jedoch die Bewegungsübertragung unter Kraftverlust ungleichförmig, d. h. die getriebene Welle erfährt periodisch wiederkehrende Schwankungen der Umfangsgeschwindigkeit (Zu- und Abnahme). Durch Einschaltung eines zweiten Zwischengelenkes zwischen Kardanwelle und Hinterachsgetriebe wird die Umfangsgeschwindigkeit gleichförmig, da sich jetzt die Bewegung von Gelenk 1 und 2 ergänzt. Die Zapfen müssen geschliffen werden und genügend Widerstand gegen

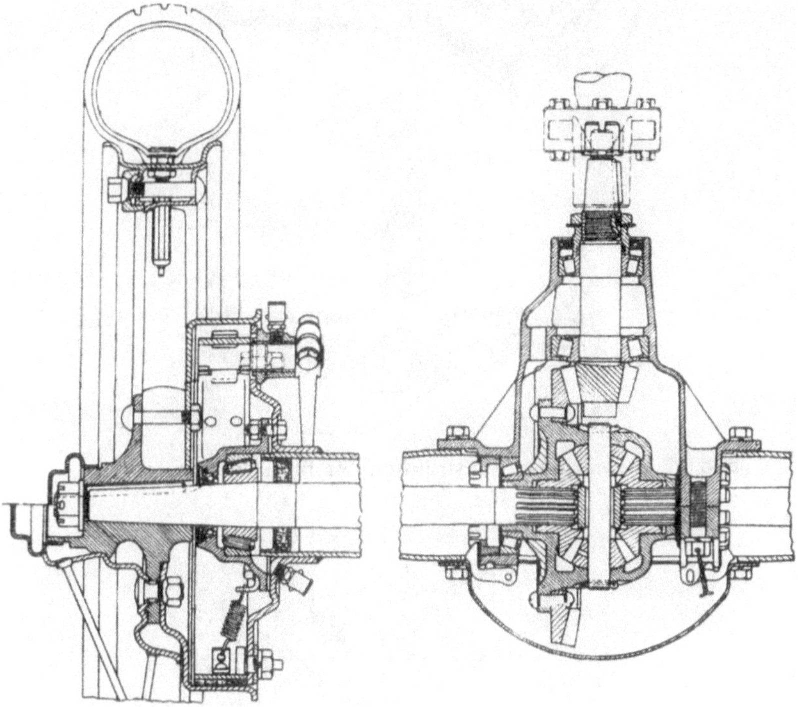

Bild 56. Kardangelenk mit Differential- und Hinterradantrieb.

Stöße haben. Die Pressungen sollen 75—150 kg/mm² betragen. Das Material für die Zapfen ist ein legierter Einsatzstahl EN 15 oder ECN 35 (SAE 3115, 3315).

Heute baut man sehr viel die Gewebescheibengelenke ein, deren Festigkeit in jeder Richtung gegen Torsion, Biegung usw. gleich groß ist. Diese Gelenke bedürfen keinerlei Wartung und haben sehr große Lebensdauer. Bei der Ausführung von doppelten Kreuzgelenken in dem Antrieb muß die Rückwirkung von Antrieb und Bremsen sowie die Schubkraft besonders aufgefangen werden. Die einfachste und solideste Konstruktion ist, diese Kräfte durch die Federn selbst aufzunehmen. Diese müssen dann an ihrem vorderen Ende mit dem Rahmen durch Bolzen stark verbunden und in der Mitte mit der Achse fest verschraubt werden. Vielfach findet man auch noch beson-

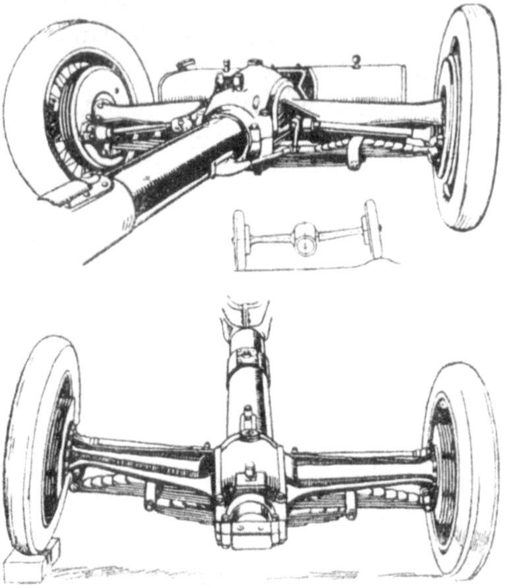

Bild 57. Rahmenlose Konstruktion der Firma Austro-Daimler.

Bild 58. Rahmenlose Konstruktion der Firma Tatra.

dere Schubstangen, die die Aufnahme von Antrieb und Bremswirkung unterstützen. Bei der Zweigelenkbauart ist noch zu beachten, daß die Kardanwelle durch Führungsnuten Längenänderungen des Antriebs bei Durchfedern des Fahrgestells zuläßt.

Trotz der theoretisch nicht einwandfreien Anordnung trifft man heute noch Bauarten mit nur einem Gelenk, da die Ungleichförmigkeit an und für sich sehr gering bleibt und die Winkel der beiden Wellen nur von geringer Größe sind. Hierbei wird die Rückwirkung von Antrieb und Bremse sowie Schub durch ein besonderes Schubrohr auf den Rahmen übertragen. Man verwendet ein kräftiges Rohr, das an der Hinterradachse starr befestigt wird und nach vorn über dem Kardangelenk am besten in einer Schubkugel ausläuft und dort möglichst in der Mitte des Kardangelenkes in einer Kugelpfanne gelagert wird (Bild 56). Die Kugelpfanne wird an einer Traverse befestigt, damit das Getriebe frei von äußeren Kräften ist. Interessant sind die neuen Konstruktionen ohne Rahmen (Bild 57 u. 58). (Austro-Daimler, Tatra.) Der Rahmen wird durch ein kräftiges Kardan-Ueberrohr ersetzt. Durch gabelförmige Erweiterung des Rohres kann dasselbe als Motorträger ausgebildet werden. Die ganze Konstruktion zeichnet sich durch Einfachheit und geringes Gewicht aus.

ZUSAMMENFASSUNG.

Die Kardanwelle soll steif sein, damit die Schwingungsgefahr gering ist. Bauart mit zwei Gelenken zwischen den Wellen ergibt Gleichförmigkeit der Umfangsgeschwindigkeit. Kardanwelle mit einem Gelenk ist billiger und einfacher in der Ausführung, muß jedoch Schub- und Bremswirkung durch Ueberrohr und Schubkugel aufnehmen.

DIE HINTERACHSE.

Je nach Lagerung und Belastung der Hinterachswellen unterscheidet man drei Arten von Antrieben.

1. Vollfliegend (Maybach und Marmon).
   Lagerung der Räder direkt auf dem Achskörper. Wellen frei von Biegung, Antrieb der Räder durch Nutenköpfe.
2. Dreiviertelfliegend (Mercedes).
   Lagerung der Räder auf einem Lager direkt auf dem Achskörper. Antriebswelle auf Drehung und Ende derselben auf Biegung beansprucht.
3. Halbfliegend (Erskine, Chrysler). Bild 59*).

Die Wagenräder sind direkt auf der Hinterachswelle befestigt. Die Welle selbst ist im Achsgehäuse gelagert und wird auf Drehung

*) Bussien. Automobiltechn. Handbuch. 1925. Berlin. M. Krayn.

und teilweise auf Biegung beansprucht. Die letztere Bauart wird am häufigsten angewandt und soll hier weiter erörtert werden.

Die Wellen sind nach den Rädern zu konisch. Sie werden am besten in nachstellbaren Schrägrollenlagern im Achsgehäuse gelagert. Die Räder können entweder durch Keile oder Nuten auf der Welle befestigt werden. Die Nabe soll möglichst nicht über den Radrand herausragen, damit sie beim Anfahren nicht so leicht verletzt werden

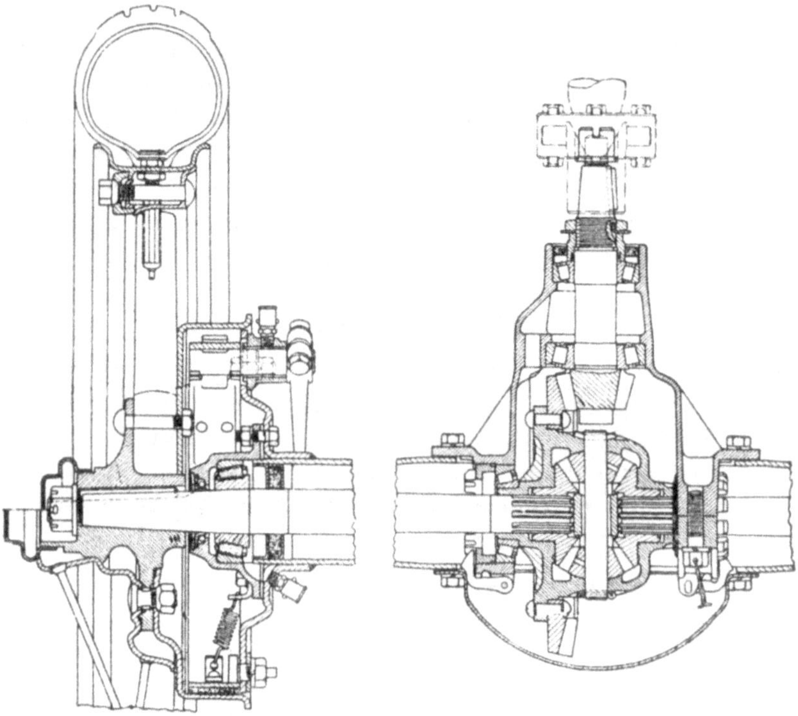

Bild 59. Hinterachse (halbfliegend).

kann. Die Axialdrücke der Querwellen, die bei Kurvenfahrt oder beim Anstoßen an Hindernisse entstehen, werden durch ein besonderes Druckstück, das über den Differentialbolzen geschoben wird, aufgenommen. Durch diese Anordnung ist eine leichte Montage der Wellen ermöglicht, da diese nach Entfernung des aufgesetzten Achsstückes einfach seitlich herausgezogen werden können. Die Axialdrücke können auch durch einen Bund, der sich gegen ein Wellenlager anlegt, am vorderen Wellenende aufgenommen werden, was aber in der Herstellung teuerer ist. Die Hinterachswellen verjüngt man zwecks Gewichtserleichterung vom vorderen Ende bis zum Nutende am Differential auf den für das große Drehmoment erforderlichen Querschnitt.

Da durch die Nuten der Querschnitt außerordentlich geschwächt wird — die Ecken und Einschnitte derselben rufen örtliche Kräfte hervor und setzen die Ermüdungsgrenze der Welle um 50 % herab —, so muß zur größeren Sicherheit der Durchmesser am Nutenende wieder größer werden, damit der Grundkreisdurchmesser der Nuten größer ist als der der Wellenmitte. Der kleine Querschnitt der Welle kann dann als Torsionsfeder wirken und die Stoßkräfte dämpfen. Sehr wichtig ist natürlich auch das Vermeiden von zu scharfen Kanten und Ecken an den Nuten, damit keine Kerbwirkung entsteht. Bild 60

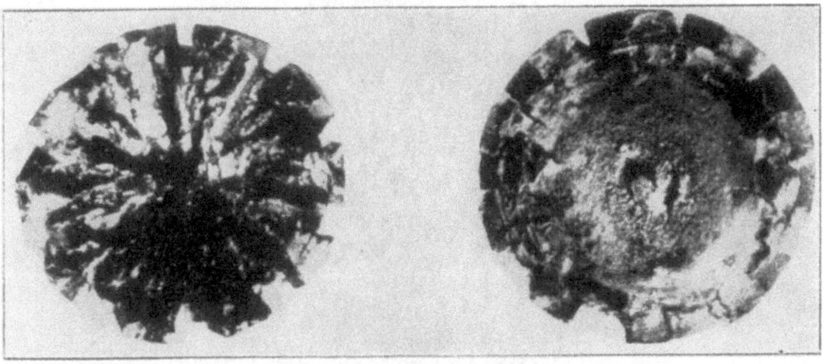

a b

Bild 60. Brüche von Hinterachswellen.

zeigt zwei Brüche von Hinterachswellen. Auf dem Bild erkennt man deutlich, wie die Welle abgewürgt worden ist. Es kann dies eintreten entweder durch Ueberbeanspruchung, oder aber durch Verwendung eines zu weichen Materials. Bild 60b ist mehr der Typus eines Dauerbruches, der durch dauernde Biegebeanspruchungen verursacht wurde. Nachteilig scheinen hierbei auch die etwas scharf gestoßenen Nuten gewirkt zu haben. Man sieht deutlich, wie die Rißbildung von den Nuten ausgeht. Das richtige Material für Hinterachswellen bei leichten Wagen ist ein legierter Stahl mit 85—95 kg Festigkeit und 14—10 % Dehnung (l = 10 d), ähnlich VCN 15 (SAE 3135). Für mittlere und schwere Wagen verwendet man zweckmäßig VCN 35 (SAE 3335) mit 90—105 kg Festigkeit bei einer Dehnung von 12—8 %.

DAS HINTERACHSGEHÄUSE.

Man baut heute sehr viel den Banjo-Typ (Bild 59), da er äußerst leicht zugänglich ist. Nach seitlichem Herausnehmen der Hinterachswellen und Lösen des Brückendeckels und der Lager am vorderen Deckel kann man das ganze Triebwerk herausnehmen. Das Triebwerk ist in kräftigen Lagern am vorderen Deckel untergebracht, der entweder aus Stahlguß oder Leichtmetall hergestellt wird. Bei Verwendung von Leichtmetall ist es zu empfehlen, durch durchgehende Schrauben das Gehäuse zu entlasten. Der Deckel wird genau zentriert durch Schrauben mit der Mittelbrücke verbunden. Die Brücke wird aus zwei Teilen aus Stahlblech gepreßt und dann horizontal

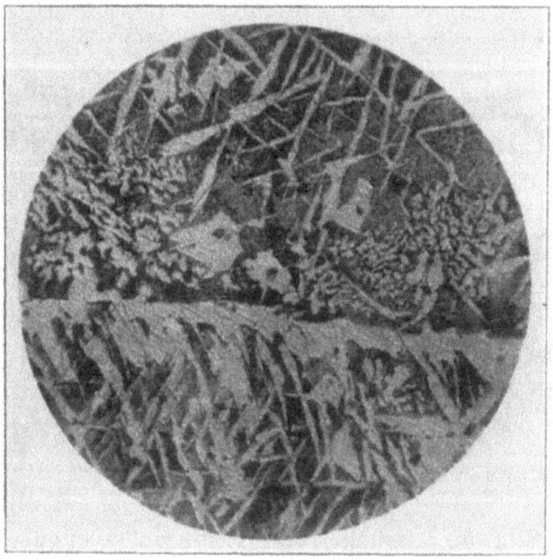

Bild 61. Mikrogefüge von Stahlguß in gegossenem Zustand.

zusammengeschweißt oder geschraubt. Geschmiedete Achsgehäuse sind außerordentlich teuer und werden nur noch bei schweren Lastwagen verwandt. Im allgemeinen werden die Achsgehäuse gegossen. Als Material hierfür dient Stahlguß (Stg 5081). Es sei an dieser Stelle einiges über Stahlguß gesagt.

Der im Elektroofen erschmolzene Stahl zeigt nach dem Vergießen eine große Sprödigkeit und ist aus diesem Grunde in dieser Form nicht verwendungsfähig. Das Bruchgefüge besitzt ein äußerst grobes Korn. Das Mikrogefüge (Bild 61) enthält den Ferrit in spießförmiger Anordnung, sogenanntes Widmannstättensches Gefüge, das eine typische Form für das Gußgefüge von Stahlguß darstellt. Um dem Material die nötige Zähigkeit zu geben, wird es über dem oberen Umwandlungspunkt, bei ungefähr 850°, 3—4 Stunden geglüht, wodurch eine sehr starke Kornverfeinerung (Bild 62) und eine Erhöhung der Kerbzähigkeit von 2 auf ungefähr 9 mkg/cm² und eine Erhöhung der Dehnung von 12 auf 25 % (l = 5 d) erreicht wird. Zur Erzielung

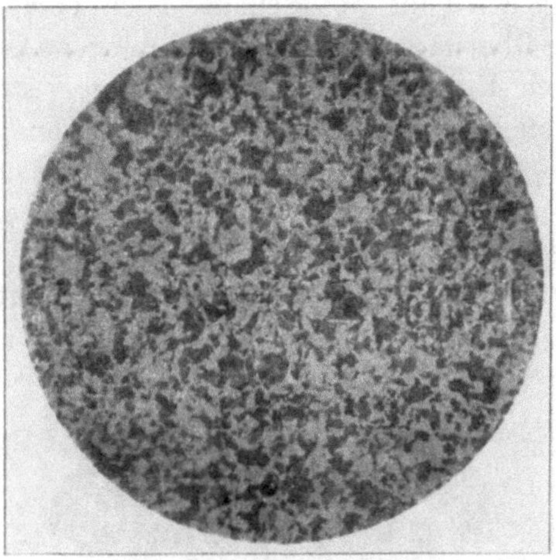

Bild 62. Stahlguß geglüht.

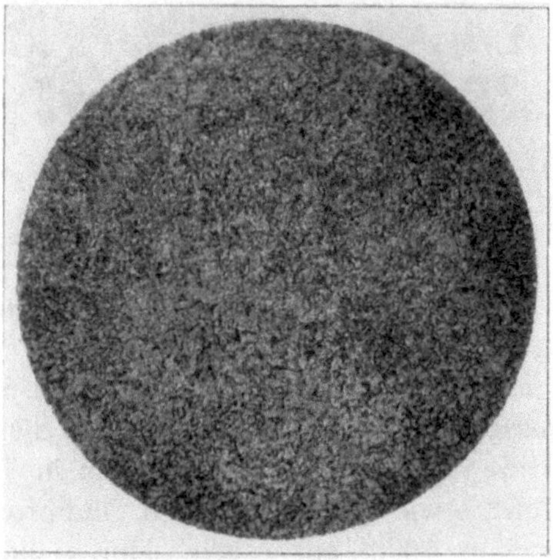

Bild 63. Stahlguß vergütet.

höchster Festigkeitseigenschaften wird Stahlguß nach dem Glühen vergütet, d. h. bei 850° an Luft oder in Oel gehärtet und darauf bei 650—700° je nach den verlangten Eigenschaften angelassen. Das Mikrogefüge (Bild 63) zeigt ein äußerst feines Korn und ähnelt in seinem

Gefüge sehr stark dem eines vergüteten Vergütungsstahls. Die Zähigkeit ist in diesem Zustand bedeutend höher als im geglühten und ergibt Güteziffern (Güteziffer = Festigkeit × Dehnung) (l = 5 d) bis zu 1300, die denen eines vergüteten geschmiedeten Stahles nicht viel nachstehen. Neuerdings wird für Achsgehäuse auch Temperguß verwendet, der eine sauberere Oberfläche als Stahlguß besitzt, da die Gießtemperatur wegen des höheren Kohlenstoffgehaltes niedriger ist.

Auch die Herstellung des Tempergusses soll an dieser Stelle kurz behandelt werden. Der im Kupolofen oder für besondere Qualitäten im Flammofen erschmolzene Rohguß enthält ungefähr 2,8—3,3 % Kohlenstoff bei einem Siliziumgehalt von 0,6 % und einem Mangangehalt von 0,35 % und ist äußerst spröde. Das Bruch-

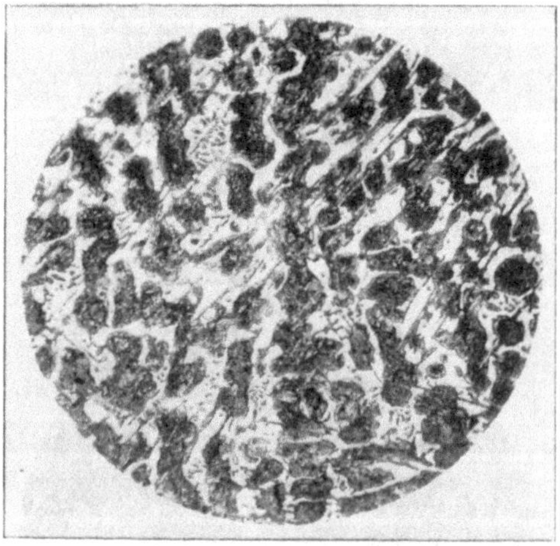

Bild 64. Ungetemperter Temperguß (Gußgefüge).

gefüge entspricht dem eines weißen Roheisens. Bild 64 gibt das Mikrogefüge des Rohgusses wieder. Um diesem Guß die nötige Zähigkeit zu geben, werden die Stücke in eisernen Kästen in Tempererz (Eisenoxyd) eingepackt und etwa vier Tage einem Glühprozeß, sogenanntem Tempern, bei ungefähr 1000° ausgesetzt. Durch diesen Prozeß wird dem Guß durch das Eisenoxyd der Kohlenstoff entzogen, und man erhält ein Material, dessen Rand ferritisch ist und dessen Kern noch ungefähr 0,5 % gebundenen Kohlenstoff, je nach der Wandstärke, enthält. Ein Teil des Kohlenstoffes ist außerdem in abgeschiedener Form als sogenannte Temperkohle vorhanden (Bild 65). Für schwere Wagen verwendet man Stahlguß, für leichtere ist Temperguß zu empfehlen.

Brücken mit eingesteckten Rohren haben sich für schwere Wagen nicht bewährt, da sie durch die Torsionsbeanspruchungen an der Uebergangsstelle im Betriebe nicht dichthalten. An den Achsenden werden Rohrstücke zur Verstärkung aufgesetzt. An diesen Rohrstücken muß auch die Befestigung der Federteller und Bremshebel angebracht werden. Für den Abschlußdeckel des Achsgehäuses in der Mitte soll möglichst Leichtmetall verwandt werden. Die ganze Brücke muß unbedingt starr sein, damit sie bei den hohen Beanspruchungen keine Verwindung erleidet.

DAS HINTERACHSGETRIEBE.

Der Triebling besteht aus Ritzel mit Wellenstumpf, der mit Nuten zwecks Kardanrohrverbindung versehen ist. Der Triebling kann einseitig gelagert werden (fliegend), dann ist es zu empfehlen, die Lager weit auseinander zu legen, damit sich die Belastung auf beide Lager günstig verteilt. Das erste Lager ist so nahe wie möglich hinter den Trieb zu legen. Dadurch erreicht man eine gute Achsstützung und kleine

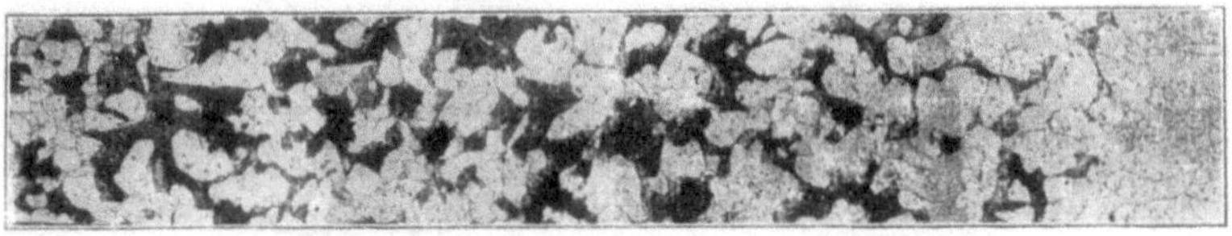

Bild 65. Uebergangszone vom Rand zum Kern eines getemperten Stückes (8 mm Wandstärke).

Biegungsbeanspruchungen (N.A.G., Protos). Werden Kugellager verwendet, so ist noch ein besonderes Drucklager einzubauen, das den Schub des Kegeltriebes aufnimmt. Schrägrollenlager können gleichzeitig Axial- und Radialdruck aufnehmen, so daß hier ein Drucklager nicht notwendig ist. Alle Lager müssen zwecks richtiger Zahneingriffe gut nachstellbar sein, und die Stellvorrichtungen durch Sicherung festgelegt werden können.

Für das kleine und große Kegelrad verwendet man heute Spiralverzahnung oder auch bei vielen Wagen die Hypoid-Verzahnung. Bei der Spiralverzahnung bildet die Zahnrichtung mit der Radachse einen Winkel. Die Zahnform entsteht durch ungleichmäßige Verdrehung des Zahnprofils im Breitenverlauf des Rades. Durch die Profilverdrehung wird die Zahnbreite größer und damit der Eingriff verlängert. Bei geraden Zähnen geht der Eingriff stets in der ganzen Radbreite vor sich, während es hier eine allmähliche Linienberührung

(Wälzen) ist. Dieses allmähliche Eingreifen der Zähne sowie die verlängerte Eingriffsdauer geben den Rädern mit Spiralverzahnung einen weitaus geräuschloseren Lauf als den geraden Zähnen. Die Verzahnung ist meistens Evolventenverzahnung. Der Steigungswinkel beträgt 60—70°. Die Steigung muß so groß sein, daß von Teilung zu Teilung eine genügende Ueberdeckung der einzelnen Zähne vorhanden ist, da nur dadurch der geräuschlose Gang erreicht wird. Mit großem Erfolg hat man Uebersetzungen von 1:6 angewandt, wobei die Triebe nur zehn Zähne hatten. Die Spiralverzahnung wird ferner durch das Wälzen weniger auf Druck beansprucht, und die Räder können daher im

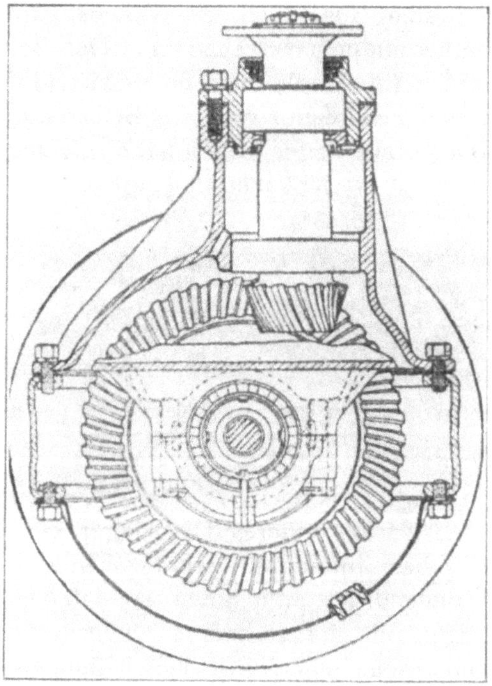

Bild 66. Hypoidverzahnung.

ganzen schwächer ausgeführt werden. Dies ist sehr günstig für die Gewichtsverringerung der unabgefederten Hinterachse.

Die Spiralverzahnung wird von verschiedenen Firmen wie Zahnradfabrik Friedrichshafen und Klingelnberg, hergestellt. In Amerika hat sich die Bilgram-Maschine sehr gut eingeführt, deren Stichel man durch eine Schleifscheibe ersetzen kann, so daß die Zahnflanken auch geschliffen werden können.

Bei der Hypoidverzahnung (Bild 66) schneiden sich die Mittellinien von Trieb und Rad nicht, sondern die Mittellinie des Triebes liegt um einen Betrag, der von dem Uebersetzungsverhältnis abhängt, unter der Mitte des großen Rades. Dadurch ist ein Tieferlegen des gesamten Wagenaufbaues (Kardanwelle) zu erzielen, hierin liegt der große Vorteil dieser Verzahnung. Da bei gleicher Uebersetzung und Zähnezahl der Durchmesser des Triebes durch die größere Stirnteilung bis etwa 20 % größer gehalten werden kann als bei der Spiralverzahnung, ist der Zahndruck hier bei gleicher Umfangskraft am Rade 12—15 % geringer. Weiterhin laufen die Hypoidräder infolge der Versetzung und durch geringeres Gleiten aufeinander ruhiger als Spiralräder und gestatten Uebersetzungen von 1 : 11. Da sie ebenfalls kleine Raddurchmesser zulassen, verringert sich das unabgefederte Gewicht der Hinterachse.

Leider ist die Herstellung ziemlich teuer, so daß diese Verzahnung nur für hochwertige Wagen in Betracht kommt. Die Hypoidverzahnung des großen Rades kann auf normalen Kegelradfräsmaschinen für Spiralverzahnung hergestellt werden. Die Triebe müssen jedoch auf Spezialmaschinen, die noch besondere Einstellungsmöglichkeiten haben, erzeugt werden. Nach Angabe von Gleason wird auf dieser Maschine in 25 Minuten ein Ritzel bei nicht zu hartem Material hergestellt, was natürlich für Massenfabrikation nicht in Frage kommt.

Damit sich das große Kegelrad beim Härten nicht verzieht, macht man seinen Querschnitt am Zahnkranz fast quadratisch. Das große Rad besteht aus einem Kranz, der durch Nieten oder Schrauben mit dem Stahlgußgehäuse des Differentials verbunden wird. Das Material für Rad und Ritzel ist ECN 35 (3315).

DAS DIFFERENTIALGETRIEBE.

Das Differential (Bild 59) dient zum Ausgleich der verschiedenen Radgeschwindigkeiten in den Kurven und gleichzeitig zum Antrieb. Die Verteilung der Antriebskräfte beim normalen Differential ist pro Rad 50 %. Man hat Kegelrad- und Stirnrad-Differentiale. Letztere werden jedoch höchst selten verwandt, da sie zu viel Platz benötigen (Audi).

Das Differentialgehäuse ist meist ein Stahlguß- oder ein Gesenkschmiedestück. In seltenen Fällen wird auch Leichtmetall verwendet. Im letzteren Falle sind zwischen Gehäuse und Rädern Bronzebüchsen anzuordnen. Das Gehäuse wird in der Ebene der Ausgleichsräder geteilt, durch Schrauben zusammengehalten und wird mit dem Radkranz des großen Rades mittels Schrauben oder Nieten genau zentrisch verbunden.

Die Ausgleichsräder führt man heute nur noch zweifach aus. Bei besonderen Konstruktionen hat man auch vierfache Anordnung, um einseitige Kräfte auf Antriebswellen zu vermeiden.

Die Ausgleichsräder laufen auf dem Differentialbolzen und sind meistens mit sphärischen Flächen im Differentialgehäuse gelagert. Ihre Zähne sind gerade, da die Räder nur eine geringe Umfangsgeschwindigkeit haben. Es ist jedoch die Anwendung der Kurz- oder korrigierten Verzahnung zu empfehlen, da sehr kleine Zähnezahlen vorkommen. Bei Berechnung kann c mit 600 angenommen werden.

Die Kegelräder auf den Antriebswellen sind in den Nuten gut und lang zu führen. Das Gehäuse selbst wird in nachstellbaren Rollenlagern im Achsgehäuse zentrisch gelagert. Werden Kugellager verwandt, so ist der Axialdruck des großen Kegelrades durch ein besonderes Drucklager aufzunehmen. Bei der Anordnung und Montage des Hinterachsgetriebes sind genau dieselben Forderungen zu beachten, die schon beim Wechselgetriebe aufgestellt wurden, um Geräuschlosigkeit und gute Fahreigenschaften zu erzielen. Sämtliche hier verwendeten Zahnräder werden aus Einsatzstahl ECN 35 (SAE 3315) hergestellt. Nach der Bearbeitung werden die Zahnräder eingesetzt und in Oel gehärtet.

DIE BERECHNUNG UND BEANSPRUCHUNG DER HINTERACHSE.

Eine Erfassung der Beanspruchung der Hinterachse im Betriebe ist wegen der verschiedenen ganz unregelmäßig verlaufenden Einflüsse äußerst schwierig und soll daher hier nur kurz besprochen werden. Das größte Biegungsmoment für den Achskörper tritt auf, wenn die Zentrifugalkomponente $= 0$ wird, und der Achsdruck sich auf beide verteilt. Daraus ergibt sich die größte

$$\text{Kraft } P = \sqrt{\frac{1{,}6\ Q \cdot H}{f}} \qquad \begin{aligned} H &= \text{Fallhöhe} \\ Q &= \text{Achsgewicht} \\ f &= \text{Durchbiegung} \end{aligned}$$

Die Formel ergibt sich aus der Arbeit, die ein Gewicht leistet, welches von der Höhe um H cm herunterfällt.

Das Hinterachsgehäuse muß sehr steif sein, damit es außer den obigen Kräften auch den Rückwirkungen aus Antrieb (Schub) und Bremse (Verdrehung) widerstehen kann. Die Antriebswellen sind je nach ihrer Lagerung auf Biegung und Verdrehung oder auf Verdrehung allein zu berechnen. Dabei muß hier als Drehmoment das größte Moment, das sich an den Hinterrädern ergibt, eingesetzt werden, wenn dieselben beim Antrieb anfangen zu gleiten.

$$M_d = \frac{\mu \cdot Q \cdot R}{2} \qquad \begin{array}{l} R = \text{Raddurchmesser} \\ \mu = \text{Reibungskoeffizient} \end{array}$$

Die Kardanwelle, die meistens fliegend gelagert ist, muß ebenfalls auf Biegung und Verdrehung berechnet werden.

Die Zahnräder sind nach der bekannten Formel $P = c \cdot b \cdot t$ aus Zahndruck $P = \frac{M_d}{r}$ zu berechnen. Für c kann 600 angenommen werden, da die Zähne geschliffen werden.

Die Lager des Kegeltriebes und des Ausgleichgetriebes werden auf Grund der sich aus den Zahndrücken ergebenden Lagerdrücke dimensioniert. Sie sollen möglichst kräftig gehalten werden, damit eine sichere Lagerung des Antriebs und damit ein geräuschloser Gang gewährleistet ist.

Die Hinterachse für Lastwagen kann genau so gebaut werden wie die von Personenwagen, jedoch in verstärkter Ausführung. Für besonders schwere Wagen sind Sonderkonstruktionen herausgebracht, wie z. B. Trennung des Antriebs der Hinterräder von der tragenden Achse oder Antrieb mit doppelter Uebersetzung, Kettenantrieb usw. Sehr verbreitet ist der Schneckenantrieb, der sich durch wenig Geräusch und großen Wirkungsgrad auszeichnet. Die Schnecke wird meistens über dem großen Rad eingebaut, damit die Kardanwelle nicht so sehr geneigt werden muß. Der Steigungswinkel der Schnecke soll ungefähr 55^0 betragen. Denn je kleiner der Winkel ist, um so größer sind die Reibungsverluste. Der Wirkungsgrad des Schneckengetriebes ist 95—98 %. Die Schnecke ist aus Einsatzstahl ECN 35 (3315) und das Schneckenrad aus Bronze anzufertigen.

Man hat auf verschiedene Weise versucht, das unabgefederte Gewicht der Wagen möglichst zu verringern und die Lagerung der Räder unabhängig voneinander zu machen, damit diese möglichst großen Ausschlag erhalten. Das bekannteste Ergebnis sind die sogenannten Schwingachsen. Hierbei ist jedes Rad an einer Halbachse gelagert, die um die Längsmittelachse des Wagens schwingt, während der schwere Kegelradantrieb und das Differential fest im Wagen gelagert sind. Bekannte Ausführungen sind die von Rumpler, Röhr, Austro-Daimler, Tatra und Steyer (Bild 67). Die Hauptschwierigkeit bei der Verwendung von unabhängig bewegten Rädern besteht in der einwandfreien Kraftübertragung zwischen dem starr im Rahmen gelagerten Antrieb und den gegenüber dem Rahmen beweglichen Rädern. Bei der Steyerachse ist nur ein Tellerrad zum Antrieb vorhanden. Die Achswellen sind unmittelbar an das Differential durch Kardangelenke angeschlossen. Besondere Lenker führen die Hinterräder, die auf den Achswellen gelagert sind. Die Anordnung hat leider den Nachteil, daß die Kardangelenke dauernd arbeiten müssen,

Bild 67. Schwingachsen.

daher ständig Leistung verzehren und einem unvermeidlichen Verschleiß ausgesetzt sind. (Material EN 15.) Dazu kommt, daß bei Durchfederung des Wagens durch die Verwendung nur eines Kardangelenkes ungleichmäßige Winkelgeschwindigkeiten der Räder auftreten, wodurch ein großer Reifenverschleiß verursacht wird. Rumpler vermeidet die Nachteile dadurch, daß er überhaupt keine Kardangelenke verwendet, sondern jeder Achshälfte ein eignes Tellerrad gibt, welches in dem schwingenden Achsrohr gelagert ist. Der Schwingungsmittelpunkt der Achswellen befindet sich hier auf der Achse der antreibenden kleinen Kegelräder. Die Praxis wird zeigen, welche von allen Anordnungen die richtige ist.

In diesem Zusammenhang soll noch kurz das Problem des Vorderachsantriebes (Bild 68) erwähnt werden, der ebenfalls das unabgefederte Gewicht verringern und vor allen Dingen die langen Antriebskörper vermeiden soll. Hierbei wird der Antrieb durch Kardangelenke übertragen (siehe Bild), die so angeordnet werden müssen, daß die Lenkung der Räder beim Uebertragen des Drehmoments, besonders in den Kurven, nicht beeinflußt wird. Das Kardangelenk an den Rädern ist so anzuordnen, daß seine Mitte mit der Mitte des Lenkzapfens zusammenfällt. Soll auch noch die Winkelgeschwindigkeit der Räder gleich sein, so ist ein Doppelkardangelenk am Lenkzapfen vorzusehen. Der Anschluß am Antriebskegelrad wird ebenfalls durch Kardangelenke hergestellt. Die Anwendung der Kardangelenke hat natürlich wieder ihre Vor- und Nachteile, so daß andere Kon-

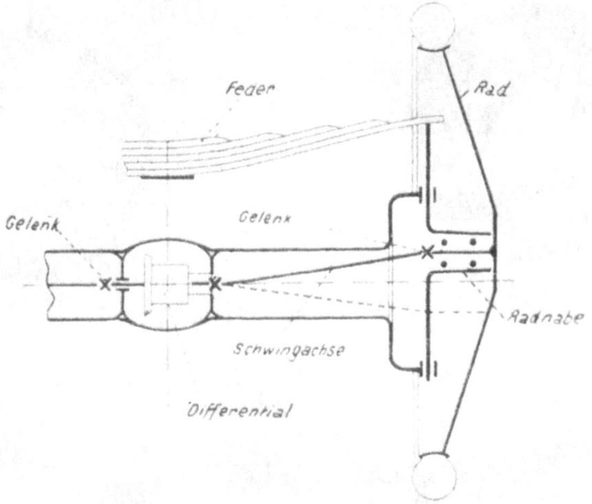

Bild 68. Vorderradantrieb.

struktionen herausgebracht wurden (Rumpler, Voranwagen), die aber noch nicht derartig durchgebildet sind, daß der Vorderantrieb allgemein für Gebrauchswagen eingeführt werden könnte.

ZUSAMMENFASSUNG.

Die vorteilhafteste Anordnung der Hinterachse ist der Banjotyp mit halbfliegenden Hinterachswellen. Die Wellen und das Differential sind in nachstellbaren Rollen- oder Kugellagern zentrisch zu lagern, damit der Antrieb geräuschlos ist und wenig Kraftverlust erleidet.

Die Hinterachse ist so leicht wie möglich zu bauen, um geringe ungefederte Massen zu haben (evtl. Schwingachsen). Für das Kegelradgetriebe sind entweder Spiral- oder Hypoidräder zu verwenden, da dieselben hoch beansprucht werden können und wenig Geräusch verursachen.

Das geeignetste Material für die Zahnräder ist legierter Einsatzstahl ECN 35 (3315) und für die Wellen VCN 15 (3135) bzw. VCN 35 (3335).

VORDERACHSE UND LENKUNG

1. VORDERACHSE.

Es gibt zwei Typen von Vorderachsen. 1. Die Gabelachse (Bild 69) und 2. die Faustachse (Bild 70) mit gegabeltem Achsschenkel. Bei

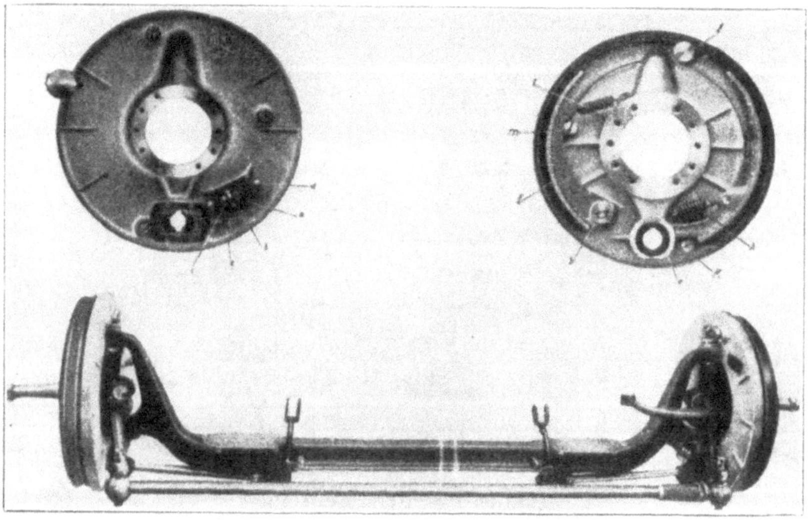

Bild 69. Gabelachse.

beiden Typen muß der Achsschenkel gut geführt und zu große Flächenpressung durch entsprechende Flächenabmessungen in den Gabelaugen vermieden werden.

Der Querschnitt des Achskörpers ist in der Mitte I-förmig, da dieser Querschnitt das günstigste Widerstandsmoment gegen Biegung bei geringstem Gewicht hat. In der Nähe der Bremstrommel ist dagegen bei Verwendung der Vierradbremse der Querschnitt rund oder elliptisch zu machen, da dieser ein günstiges Widerstandsmoment gegen Verdrehung gibt.

Um gute Fahreigenschaften zu erreichen, sind folgende konstruktive Einzelheiten zu beachten:

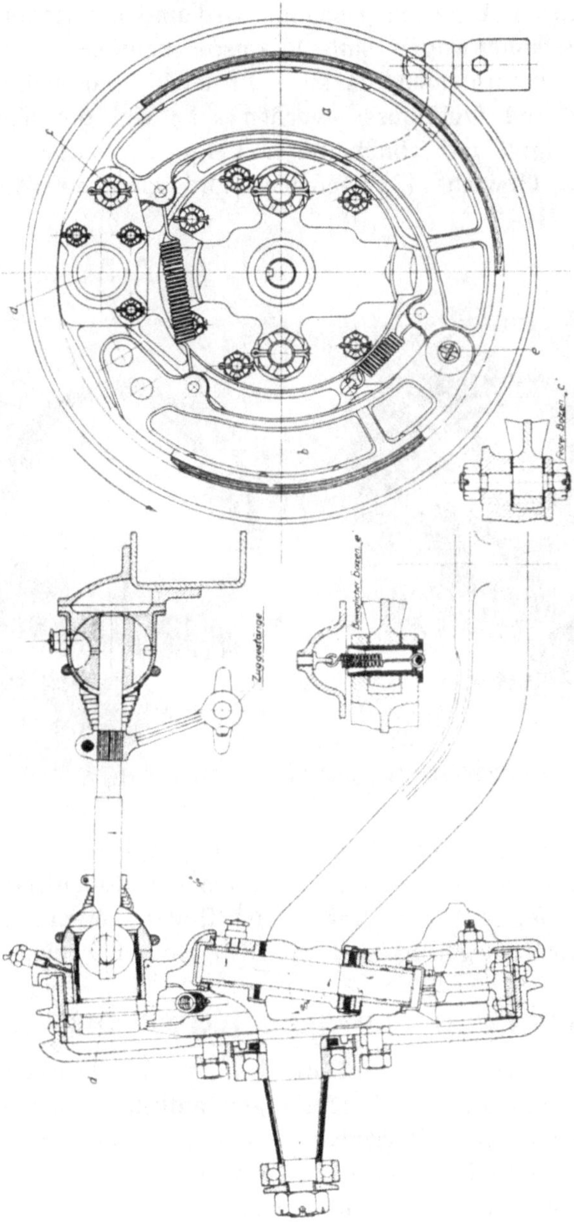

Bild 70. Faustachse.

Die ungefederten Massen, wie Achse und Räder, sind so leicht wie möglich zu machen, damit die Impulsmomente bei Wegunebenheiten klein bleiben, das Fahrgestell geschont wird und die Räder am Boden haften. Für Personenwagen sind Drahtspeichenräder oder Elektron-Scheibenräder zu empfehlen, da sie sehr leicht und stabil sind. Für Lastkraftwagen und Omnibusse werden sehr viel die neuen B. S. I.-Räder aus Stahlguß mit abnehmbarer Felge verwendet, da sie sich durch geringes Gewicht (3 Speichen) und einfache Montage auszeichnen (Bild 71).

Bild 71. Dreispeichenrad der B. S. I.

Die Spurweite und der Radstand soll möglichst groß und der Schwerpunkt des Fahrzeuges tief liegen (25 cm Bodenfreiheit), um in der Kurve und bei seitlichen Stößen und Bodenunebenheiten die Gewichtsverschiebungen gering und die Kippmomente klein zu halten.

BEANSPRUCHUNG UND BERECHNUNG DER ACHSE.

Die während der Fahrt auf die Vorderachse wirkenden Kräfte sind schwer zu erfassen, da Bedingungen auftreten können (Fahrt in den Straßengraben, über Bordsteine usw.), die jede Berechnung illusorisch machen. Man hilft sich daher mit der Bestimmung der Kräfte, die sich aus der Federzusammendrückung beim Ueberfahren eines Hindernisses ergeben. Man nimmt jedoch an, daß hierbei ein Aufsitzen der Feder nicht eintritt, da die dann herrschenden Kräfte unberechenbar sind. Bei genauer dynamischer Berechnung ergibt die erwähnte Rechnungsart zu große Kräfte. Diese können jedoch bei Befahren schlechter Straßen mit tiefen Schlaglöchern auftreten, so daß die Berechnung für die Konstruktion als richtig gelten kann. Die so errechneten Kräfte gelten auch nicht absolut, da sie immer von der Fahrtgeschwindigkeit abhängen, die hier nicht berücksichtigt wird.

Man errechnet als Gegenwert der Stoßwirkung, welche die Achse beim Befahren eines Schlagloches erfährt, eine statische Kraft aus der Durchbiegung der Feder.

$$F = \sqrt{\frac{1{,}6\, Q \cdot H}{f}}$$

Q = Achsbelastung
f = Durchbiegung der Feder
H = Tiefe des Loches.

Da der Vorderachskörper am meisten bei gradliniger Fahrt beansprucht wird, so ist das größte Biegungsmoment, wodurch die Achse beansprucht wird, $F \cdot \frac{c}{2}$ (c = Spurweite). Dazu kommt ein Zusatzmoment aus der Beanspruchung beim Bremsen durch Vorderradbremse $M = 0{,}6 \cdot \frac{Q}{2} \cdot R$ R = Radradius.

Der Achsquerschnitt muß groß genug gewählt werden, damit die Achse sich bei starken Stößen nicht merklich durchbiegt und dadurch die Lenkung beeinflußt.

Die größte Kraft P aus dem Seitendruck bei Kurvenfahren ist 0,5 Q (wenn das Rad gleitet). Der Querschnitt des Radzapfens wird durch das Biegungsmoment $P \times$ Abstand Mitte Rad bis Mitte Federlager und den horizontal gerichteten Lagerdruck beim Bremsen beansprucht. Der Querschnitt des Zapfens ist nicht zu schwach auszuführen, da er durch die dauernden Stöße der Ermüdung ausgesetzt ist.

Wie Vorderachskörper und Radzapfen muß auch das Lenkgestell, die Lenkhebel und Spurstange verstärkt werden, um die Zusatzmomente bei der Verwendung von Vorderradbremse aufnehmen zu können.

Die Radlager werden ebenfalls durch vertikal und horizontal wirkende Kräfte beansprucht und sind dementsprechend kräftig auszuführen. Sehr gut haben sich Rollenlager bewährt, da sie infolge der größeren Berührungsfläche tragfähiger sind und bei schlechter Schmierung nicht so schnell versagen. Um ein Klaffen der Radlager und dadurch Zusatzbeanspruchungen zu vermeiden, ist eine möglichst breite Führung der Radlager erwünscht.

Die Auflagefläche zwischen Achsschenkel und Vorderachskörper, also die Fläche der Zapfenaugen, muß so groß sein, daß eine Flächenpressung von 220 kg/cm² nicht überschritten wird. Man schiebt auch oft zur Erleichterung der Drehbewegung Ringe zwischen die Auflagerfläche oder baut besondere Drucklager ein.

Das Material für den Vorderachskörper kann ein einfacher C-Stahl (St C 4561, SAE 1045) oder, wenn man etwas leichter bauen will, ein niedrig legierter Stahl der Gruppe VCN 15 (SAE 3135) sein. Es muß jedoch bei Verwendung des letzteren Stahles darauf geachtet werden, daß der Querschnitt so groß gewählt wird, daß die Achse ihre Steifheit bewahrt, da für beide Stähle der Elastizitätsmodul E ungefähr gleich ist (3 500 000 kg/cm²). Bekanntlich ist ja die Formel der elastischen Linie und damit für die Durchbiegung

$$f = \frac{l \cdot M}{E \cdot I}$$

M = Biegungsmoment
I = Trägheitsmoment
l = Abstand Mitte Rad bis Mitte Federlager.

Diese Tatsache sollte bei allen Teilen, bei denen es auf große Steifheit ankommt, nicht vergessen werden.

Der Steg darf nicht zu dünn gemacht werden, damit beim Ausschmieden des Achskörpers keine Schwierigkeit entsteht. Für Achsschenkel und Vorderachsspindel ist VCN 15 (SAE 3135) zu verwenden, da sonst die Abmessungen bei Berücksichtigung der auftretenden stets wechselnden Beanspruchungen zu groß werden.

Ferner wird bei den erwähnten Flächenpressungen eine genügend große Verschleißfestigkeit verlangt, ein weiterer Grund, legierten Stahl zu verwenden.

In Reparaturwerkstätten wird oft durch die Verwendung von Schweißbrennern zum Erwärmen verbogener Vorderachsen zwecks Richtens sehr gesündigt. Durch die örtliche Erwärmung treten erhebliche Spannungen auf. Das Material wird des öfteren sogar verbrannt, so daß später im Betriebe Brüche nicht zu vermeiden sind. Man erhitze richtiger die ganze Achse bis auf 700—800°, richte und vergüte sie nachträglich auf ihre ursprüngliche Festigkeit.

Die Bremswelle kann aus einfachem C-Stahl St C 3561 (SAE 1035) hergestellt werden.

Die genannten Teile müssen alle mit großer Sorgfalt geschmiedet und vergütet werden, damit das Material den Anforderungen genügt. Das Schmieden muß möglichst sauber erfolgen, damit wenig Nacharbeit erforderlich ist. Bei der Formgebung ist besonders darauf zu achten, daß keine Kerbwirkungen durch schlechtes Abrunden von Hohlkehlen auftreten können. Bild 72 zeigt einen Dauerbruch, der infolge zu geringer Abrundung und überhitzten Gefüges entstanden ist.

Der Vorderradantrieb ist schon unter dem Kapitel Hinterachsantrieb behandelt und auf seine Vorzüge, geringeres Schleudern und kleineren Uebertragungsweg hingewiesen worden. Leider sind

Bild 72. Dauerbruch infolge zu geringer Abrundung.

die Konstruktionen noch nicht so weit durchgebildet, daß sie allgemein eingeführt werden können.

NORMUNG DER VORDERACHSEN.

In Amerika beziehen 70 % aller Automobilfabriken einbaufertige Vorderachsaggregate von Spezialfabriken besser und billiger, als sie sie selbst herstellen können. In Deutschland sind diese Bestrebungen leider noch nicht weit genug durchgedrungen, da manche Konstrukteure noch zu großen Widerstand leisten. Jedoch stellen einige Fabriken wie Vorwerk-Barmen die Adexachse und die Deutschen Edelstahlwerke Bochum die Poulet-Achse in Reihen her. Die Spurweite könnte man folgend normen:

Spur vorn und hinten gleich groß. Neigung der Vorderräder 3°.

5—6	PS	1300 mm
8—9	PS	1350 mm
10—14	PS	1450 mm
1—1½	t-Lastwagen	1420 mm
2—3	t-Lastwagen	1450 mm

2. LENKUNG.

Die gebräuchlichste Lenkung ist die Achsschenkellenkung im Gegensatz zur Drehschemellenkung, da bei ersterer das Rad an Ort und Stelle, während bei letzterer die ganze Achse geschwenkt wird. Wegen der schweren zu bewegenden Massen kommt die Drehschemel-

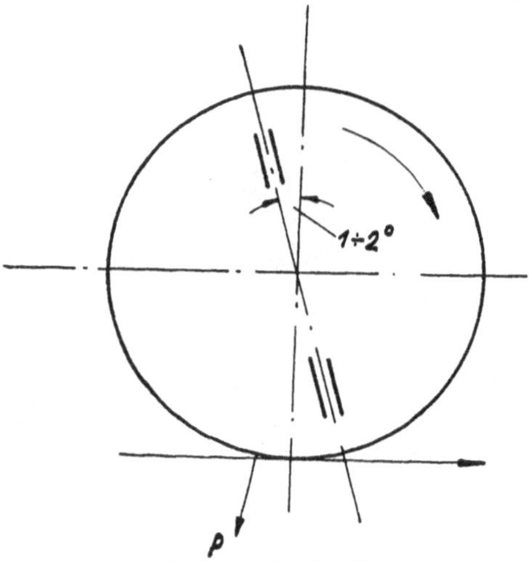

Bild 73. Vorlauf.

lenkung für Kraftfahrzeuge nicht in Frage. Der Radausschlag soll mindestens 40° annehmen können. Die Räder selbst müssen auf der Achse vollständig frei laufen.

Zur Erzielung einer ruhigen Fahrt und geringer Lenkkraft am Handrad*) ist die stabile Lenkung (Räder in Fahrtrichtung bleibend) mit Hilfe von folgenden Maßnahmen erreicht:

Der Angriffspunkt der Radwiderstände wird durch Schrägstellen des Lenkzapfens hinter die Drehachse gelegt, so daß die Radwiderstände das Rad von selbst wieder in Fahrtrichtung stellen (Vorlauf 1—2°) (Bild 73). Weiterhin gibt man dem Rad etwas Vorspur,

*) Kaufmann. Motorw. 1927. H. 8 und 9.

das ist ein geringes Schielen der Räder (Bild 74). Das Rad wird infolge der Schrägstellung durch den Stoß nach hinten gedrückt, die Achse schiebt sich ein wenig nach hinten, so daß das Rad wieder in Fahrtrichtung kommt. Durch das Einschwenken der Radebene in Fahrtrichtung wird der Gleitwiderstand kleiner und damit der Gesamtwiderstand des Rades. Ferner ist durch die Vorspur und durch das selbsttätige Parieren des Stoßes das gefährliche Flattern oder die Kreiselwirkung der Vorderräder vermieden, die das Material durch den dauernden Kraftrichtungswechsel ungeheuer beansprucht. Die Vorspur macht man 2—3° je Rad.

Weitere Maßnahmen gegen Flattern sind:

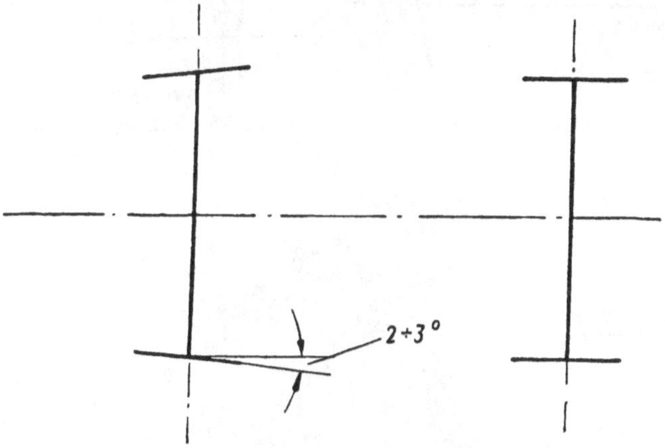

Bild 74. Vorspur.

Ausbalancieren der Vorderräder durch Gewichte in Form von herausnehmbaren Blechen, gleicher Luftdruck in den Vorderreifen, richtige Einstellung der Vorderräder-Rollenlager, festes Anziehen der Federbriden, gleiche Spannung der Stoßdämpfer, Ausfluchten der Vorderachse mit der Hinterachse und gute Schmierung aller Teile der Achse und Spurstange.

Kleine Lenkmomente, also eine leichte Lenkung erzielt man durch Schrägstellen der Räder und Lenkzapfen zur Senkrechten (Sturz) (2—4°) (Bild 75), da dann der Abstand zwischen Radauflage und Drehachse klein ist. r = 2—3 cm (Bild 76). Ferner wird dadurch ein Radieren der Räder am Boden vermieden und damit der Gummiverschleiß wesentlich herabgesetzt.

Durch die elastische Verbindung der Achse mit dem Rahmen durch die Feder wird während der Fahrt die Achse durch Stöße in der

Quer- und Längsrichtung verschoben. Da die Lenkhebel gleichzeitig durch die Schubstange mit dem Rahmen und der beweglichen Achse verbunden sind, müssen sie diese Verschiebung mitmachen. Um nun diese Verschiebungskräfte und die daraus entstehenden Fehlwinkel in der Lenkbewegung klein zu halten, sind die Lenkhebel möglichst lang zu wählen, damit die Aufschläge und die Ermüdungsbeanspruchung durch die dauernden Biegungen infolge der großen Länge relativ gering bleiben. Aus demselben Grunde ist auch die

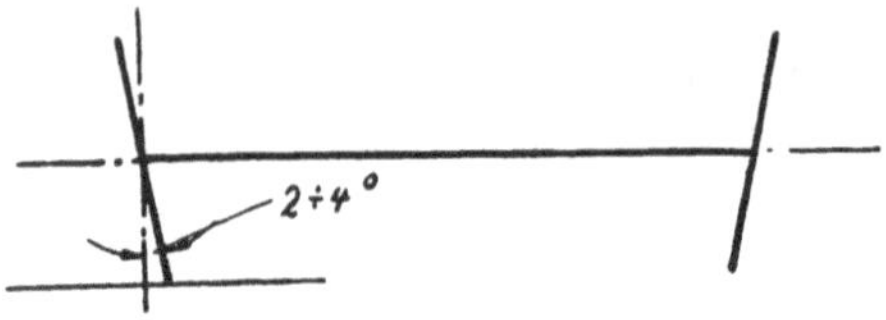

Bild 75. Sturz der Räder.

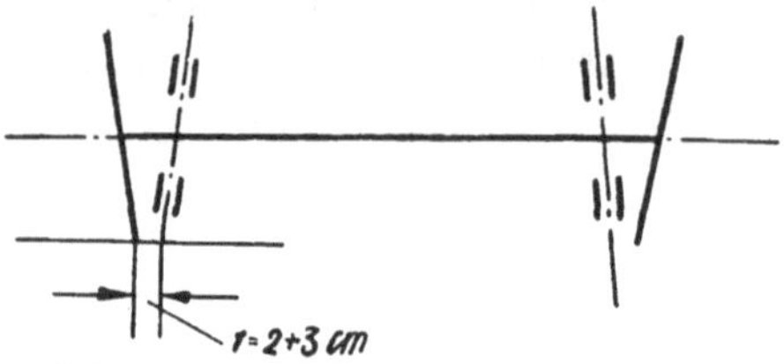

Bild 76. Schräggestellte Lenkzapfen.

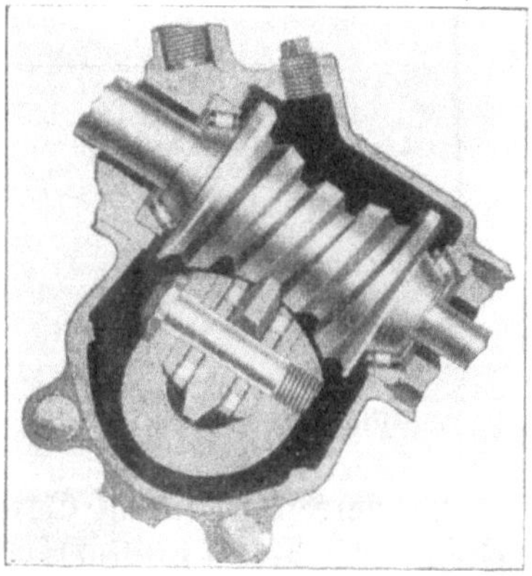

Bild 77. Schneckenlenkung.

Schubstange in Fahrtrichtung und die Spurstange senkrecht dazu anzuordnen, damit bei Quer- und Längsbewegungen der Achse keine Feder- und Schubwirkungen auftreten. Die Spurstange wird meistens hinter der Achse angebracht, da das Lenkgestänge vor der Achse unschön aussieht. In diesem Falle wird die Spurstange jedoch auf Druck und Zug beansprucht, während die Spurstange vor der Achse nur auf Zug beansprucht wird.

Die üblichen Lenkungsarten sind die Schraubenlenkung und die Schneckenlenkung (Bild 77). Damit nicht jeder Stoß, der die Vorderräder trifft, auf das Lenkrad übertragen wird, verwendet man einen

Schraubenwinkel von 7—9°, der fast selbsthemmend wirkt. Durch Anordnung eines Druckkugellagers im Lenkgehäuse-Oberteil vor der Spindel und durch federnde Stoßfänger in der Schubstange werden die Stöße vollständig abgefangen, und eine stoßfreie Handhabung der Lenkung ist gewahrt. Das Lenkgehäuse muß daher auch vollkommen starr gelagert werden, um den Erschütterungen nicht nachzugeben.

Für Lenkhebel ist VCN 15 (SAE 3135) zu verwenden, da durch die Bewegung zwischen Rahmen und Achse beim Federn genügend großer Widerstand gegen Ermüdung vorhanden sein muß.

Die Schraubenspindel ist aus Bronze und die sie umschließende Mutter ist aus Einsatzstahl herzustellen (St C 1661, SAE 1015) und im Einsatz zu härten, damit sie eine verschleißfeste Oberfläche hat.

ZUSAMMENFASSUNG.

Um eine ruhige Fahrt zu erreichen und das Fahrgestell bei Unebenheiten der Straße vor übermäßigen Beanspruchungen zu schonen, ist mit Hilfe der geschilderten Maßnahmen die Lenkung unbedingt stabil zu machen.

Der Achskörper soll genügend starr sein, damit er sich möglichst wenig durchbiegt und die Lenkung nicht beeinflußt. Für die Achsschenkel, Zapfen und Lenkschenkel ist ein Material mit genügendem Widerstand gegen Ermüdung, großer Zähigkeit und genügend großer Oberflächenhärte zu verwenden (VCN 15, SAE 3135).

BREMSEN.

Die Forderungen, die an eine gute Bremse gestellt werden, sind:

Schnelligkeit und Stetigkeit der Bremswirkung und vor allem äußerste Betriebssicherheit. An alten Fahrzeugen findet man meistens die Zweiradbremse und die Getriebebremse. Durch die Erhöhung der Geschwindigkeit der Fahrzeuge zeigten sich diese den Anforderungen nicht mehr gewachsen. Ein scharfes Bremsen war damit ohne Gefahr nicht möglich. Man ging daher zur Vierradbremse über, um durch Bremsen sämtlicher Räder eine erhöhte und sichere Bremswirkung zu erzielen. Aus folgendem Beispiel ist die Verbesserung deutlich zu ersehen:

Bei einer Fahrtgeschwindigkeit von $v = 90$ km/Stunde $= 25$ m/sec. und einer Bodenreibung $\mu = 0,5$ ergeben sich folgende Bremswege und -zeiten:

Zweiradbremse:

Bremsverzögerung $b = 3$ m/sec²

$$\text{Bremsweg } s = \frac{v^2}{2b} = 104 \text{ m} \quad \text{Bremszeit } t = \frac{v}{b} = 8 \text{ sec.}$$

Vierradbremse:

$$s = \frac{v^2}{2b} = 62{,}5 \text{ m} \quad t = \frac{v}{b} = 5 \text{ sec.}$$

Weitere Vorteile des Vierradbremssystems sind der geringere Verschleiß und das weichere Bremsen, da sich die Bremswirkung auf alle vier Räder verteilt. Durch große Breite und ausreichenden Durchmesser der Bremstrommeln kann man die Flächenpressungen zwischen Backe und Trommel unter 2 kg/cm² halten. Die Kräfte am Bremshebel verringert man durch große Hebelübersetzungen (∼ 10—20 kg Druckkraft), so daß das ganze Bremsen ziemlich weich vor sich geht und das Triebwerk geschont wird.

Es ist ferner sehr zweckmäßig, die Bremstrommeln nicht zu dünnwandig zu machen und durch Querrippen zu verstärken, damit sie sich nicht verziehen können und eine gleichmäßige Bremswirkung abgeben.

Die Bremsbacken sollen nicht überall den gleichen Querschnitt haben, sondern der größeren Beanspruchung gemäß zum Bolzen hin stärker werden. Dadurch ist die Gefahr des Verbiegens und einer ungleichmäßigen Bremsung geringer. Die Bremsbacken lagert man heute sehr viel auf zwei Bolzen (Chrysler), da die Mitnahme nur einer Bremsbacke stets eine ungleichmäßige Bremswirkung hervorruft.

Der Bremsschlüssel ist so groß auszuführen, daß er nach Abnutzung des Belages nicht festgeklemmt wird und dadurch die Räder blockiert.

Bremsbacke und Bremstrommel müssen unbedingt konzentrisch zueinander sein. Diese Teile werden im allgemeinen aus Stahlguß hergestellt (Stg. 5081). Vielfach findet man Bremsbacken aus Temperguß, die vor Stahlguß den Vorteil einer sauberen Oberfläche haben.

Als Bremsbelag verwendet man meistens Jurid oder mit Metall durchzogene Asbestbänder. Durch Erwärmung verringert sich der Reibungskoeffizient des Belages und kann soweit sinken, daß ein Abbremsen des Wagens unmöglich wird. Es ist daher für genügende Kühlung der Trommel Sorge zu tragen.

Laut polizeilicher Vorschrift muß jeder Kraftwagen zwei unabhängig voneinander wirkende Bremsen besitzen.

Als zweite Bremse wird bei mit Vierradbremse ausgerüsteten Wagen hauptsächlich eine durch Handhebel betätigte Bremse verwendet, die in der Regel in derselben Bremstrommel der Hinterräder angreift. Die älteren Fahrzeuge, die als Hauptbremse die auf die Hinterräder wirkende Handbremse besitzen, haben außerdem eine direkt auf das Getriebe wirkende Fußbremse. Letztere Anordnung ist jedoch nicht sehr beliebt, da sie bei zu starkem Bremsen Schädigungen des Getriebes und der Hinterachsantriebe hervorrufen kann.

Um die aufzuwendende Bremskraft zu verringern, hat man Bremsen mit besonderen Kraftquellen oder mit Servowirkung eingeführt.

Zu den ersteren gehören die Luftdruckbremse von Knorr (Bild 78) und die im Ausland gebrauchte Westinghouse Bremse. Beide benutzen zum Bremsen Druckluft, die den einzelnen Bremszylindern zugeführt

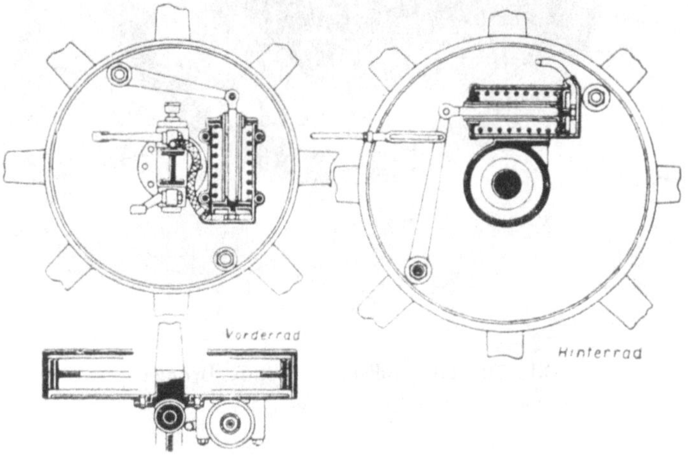

Bild 78. Luftdruckbremse von Knorr.

wird. Die Kolben dieser Bremszylinder betätigen dann ihrerseits die Bremshebel.

Unter den Bremsen mit Servowirkung unterscheidet man verschiedene Ausführungen, hydraulische, pneumatische und mechanische. Ein hydraulisch wirkendes Bremssystem ist das von Lockheed (Chrysler, Adler) (Bild 79, 80). Die Bremsbacken werden bei Betätigung des Fußhebels durch den Kolben der Bremstrommelzylinder mit großer Kraft an die Trommel angedrückt. Diese Kraft wird nach dem bekannten hydraulischen Prinzip durch eine weit kleinere Kraft vom Fußhebel aus erzeugt. Die Bremse ist infolge Fortfallens jeglicher Querwellen und Zugstangen in ihrer Wirkungsweise sehr einfach und betriebssicher. Der Bremsausgleich geschieht selbstausgleichend.

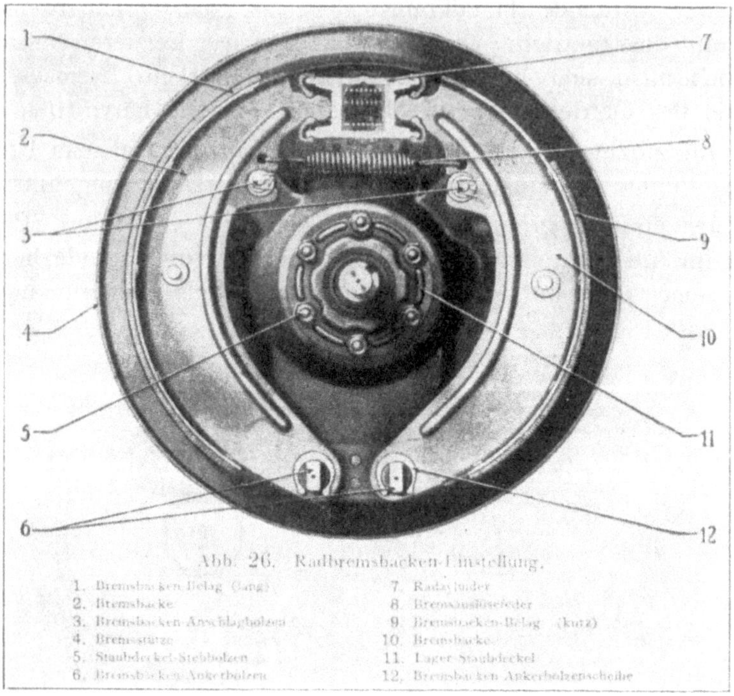

Bild 79. Hydraulisch wirkende Bremse.

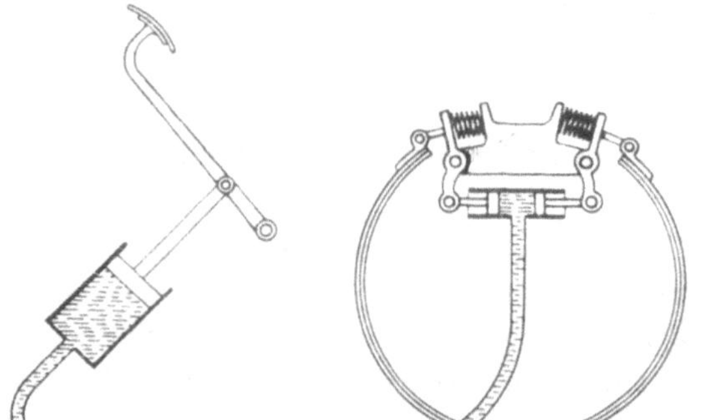

Bild 80. Schema eines hydraulisch wirkenden Bremssystems.

Eine pneumatische Servobremse ist die Bosch-Dewandre-Saugluftbremse (Bild 81). Am Fußhebel braucht nur 1/4 der benötigten Kraft erzeugt werden, durch die Saugluftwirkung wird die übrige nötige Kraft aufgebracht (Horch). Diese Bremse kann nachträglich

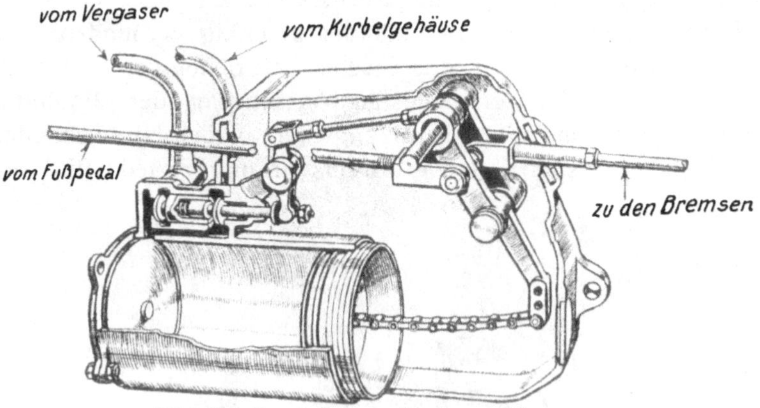

Bild 81. Bosch-Dewandre-Saugluftbremse.

Bild 82. Perrot-Bendix-Servobremse.

sehr gut einmontiert werden, während die folgenden Servobremsen mit Selbstanzug direkt in die Bremstrommeln eingebaut werden.

Bei diesen mechanisch wirkenden Bremsen entsteht die Servowirkung dadurch, daß zunächst ein kleiner Backen gegen die Bremstrommel mit geringem Kraftaufwand angedrückt wird. Dieser wird darauf von der Drehbewegung des Rades mitgenommen und drückt schließlich selbst den mit ihm gelenkig verbundenen größeren Backen mit großer Kraft gegen die Bremstrommel. Diese Bremse jedoch ist bei Rückwärtsfahrt nicht wirksam, da das Rad infolge des entgegengesetzten Drehsinnes den Backen abzuheben sucht. Man baut daher bei hochwertigen Fahrzeugen die Perrot-Bendix-Bremse ein (Bild 82). Diese Bremse besitzt drei untereinander gelenkig verbundene Backen, von denen zwei immer an die Fläche bei beliebiger Fahrtrichtung gedrückt werden. Bei der neuesten Ausführung der Pouletbremse wird durch wechselseitige Abstützung der beiden Bremsbänder für Vor- und Rückwärtsfahrt gleiche Bremswirkung erzielt (Bild 69).

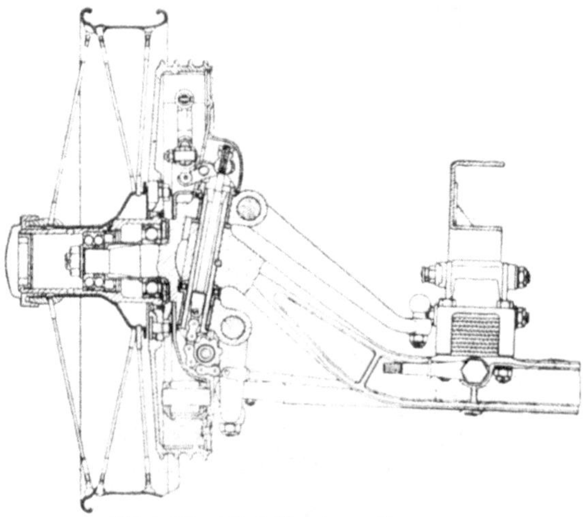

Bild 83. Fiat-Vorderradbremse.

Die Betätigung der Backen geschieht bei den mechanisch wirkenden Bremsen durch eine Bremswelle mit einem Spreizknebel. Hierbei ist jedoch der Relativbewegung zwischen Bremse und Fahrgestell und dem Schwenken der Räder Rechnung zu tragen. Zur Erfüllung dieser Forderungen hat man verschiedene Lösungen*).

1. Gelenkwelle mit Kardangelenken zwischen Rad und Rahmen (Bild 70).
2. Seil- oder Kettenzug (Bild 83).
3. Gelenklose Welle (Bild 69).

Hierbei ist die Welle an der Achse befestigt, und das Schwenken der Räder muß besonders berücksichtigt werden. Die Knebelmitte muß in der verlängerten Längszapfenmitte liegen. Der Knebel muß ferner

*) Vgl. Automobile Engineer. März 1925.

Eiform haben, damit er die Drehbewegung des Rades nicht hemmt. Da diese Form jedoch mechanisch nicht leicht hergestellt werden kann, hat die Pouletbremse den Knebel durch ein Kugelgelenk ersetzt, das leicht hergestellt werden kann. Bei der Pouletbremse ist das Kugelgelenk mit der Welle in einer Bronzebüchse mit exzentrischer Bohrung im Rade selbst und ferner an der Achse gelagert. Durch eine Verdrehung der Welle wird auch die Büchse gedreht, die ihrerseits wieder gegen einen Backen drückt. Das Bremsband, auf dem zwei kleine Backen befestigt sind, kann von außen her gegen die Trommel nachgestellt werden. Das ganze Bremsgetriebe ist durch gute Kapselung vor Schmutz und Oel geschützt.

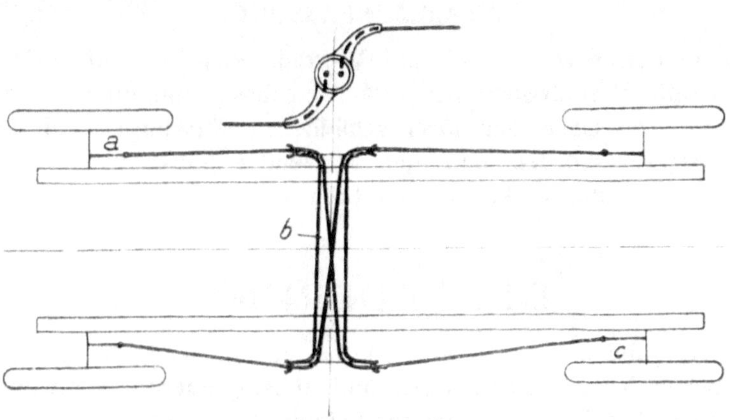

Bild 84. Bremsausgleich mittels Seilzug.

Der Bremsausgleich ist zwecks Betriebssicherheit mit einfachem und sicherem Mittel herbeizuführen. Sehr gut bewährt hat sich bei billigen Wagen der Diagonalausgleich mittels durchgehendem Seilzug (Bild 84), da bei Beschädigung eines Kabels das andere noch arbeitet. Den gleichmäßigsten Ausgleich erreicht man bei der hydraulischen Bremse, da hier Selbstausgleich vorhanden ist und damit alle Gestänge mit ihrer schwierigen Einstellung und ihrem häufigen Nachstellen fortfallen.

Beim Bremsen verschiebt sich die Belastung der Achse. Im normalen Zustand, also bei statischer Gewichtsverteilung trägt die Vorderachse meistens 40 % und die Hinterachse 60 % des Wagengewichtes. Durch die Bremswirkung verschiebt sich die Gewichtsverteilung des Wagens nach vorne und die Belastungen ändern sich in 52 % für Vorder- und 48 % für Hinterachse.

Würde man nun das Bremsmoment der Vorder- und Hinterräder (durch verschiedene Größenanordnung der Bremsbetätigungshebel) im Verhältnis dieser Belastung wählen, so ist bei ungeschicktem Bremsen ein Blockieren der Vorderräder zu befürchten. Da aber ein blockiertes Rad der Richtung des geringsten Widerstandes folgt, also die Lenkung beeinflußt, läßt man die Bremsmomente im Verhältnis der statischen Gewichtsverteilung wirken. Dadurch tritt an den Hinterrädern eher ein Sperren ein als an den Vorderrädern. Einige amerikanische Firmen geben jedoch trotzdem den Vorderrädern einen erheblichen Bremsüberschuß.

ZUSAMMENFASSUNG.

Der moderne Wagen soll mit Vierradbremse ausgerüstet sein, da er die größte Betriebssicherheit und Bremsbeschleunigung besitzt. Die Getriebebremse ist wegen ihrer schädlichen Wirkungen auf das Getriebe verlassen worden, und man verwendet heute ausschließlich die auf die Hinterräder wirkende Handbremse.

DIE FEDERUNG.

Die Aufgabe der Feder ist es, kurze und harte Stöße aus Unebenheiten der Fahrbahn aufzufangen und in langdauernde Schwingungen umzusetzen. Die Federung soll zur Schonung des ganzen Fahrgestelles möglichst weich sein, also ein großes Durchbiegungsvermögen und damit eine um so längere Schwingungsdauer besitzen.

$$T = 2\pi \sqrt{\frac{f}{g}} \qquad \begin{array}{l} T = \text{Schwingungsdauer} \\ f = \text{Durchbiegung} \end{array}$$

Schwere Fahrzeuge federn etwas besser als leichtere, da die schweren abgefederten Massen infolge ihres größeren Massenträgheitsmoments eine längere Schwingungsdauer besitzen und das Verhältnis zwischen unabgefederten und abgefederten Massen weitaus günstiger ist als bei kleinen Fahrzeugen.

Durch die Verwendung von Ballonreifen mit breitem Profil wird schon eine wesentliche Abfederung erreicht, da die Unebenheiten sich fast vollständig in den Reifen eindrücken, so daß der Radmittelpunkt nur eine geringe Hebung und Senkung erfährt.

Die meist verwandte Federung im Automobilbau ist die Blattfederung (Bild 85). Die ideale Federung wäre jedoch die Schraubenfederung (Bild 86), da dieselbe infolge ihrer Reibungsfähigkeit Schwingungen von hoher Frequenz und geringem Ausschlag aufnehmen kann. Die ganz kleinen Kraftschwankungen liegen nämlich bei Blattfedern

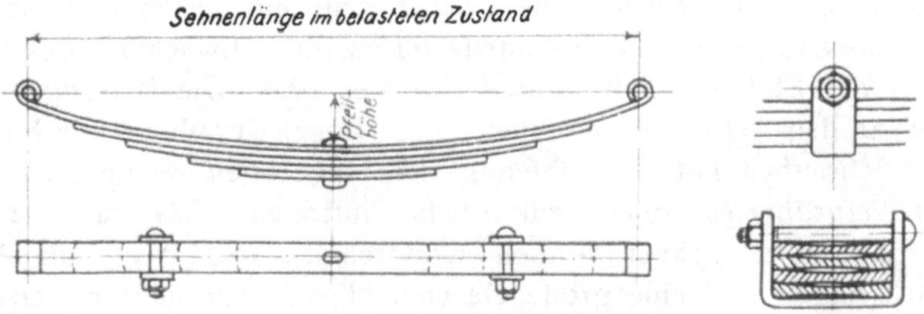

Bild 85. Normale Federausführung.

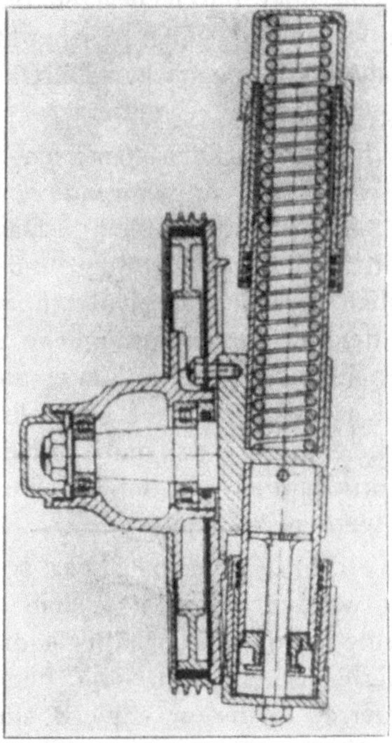

Bild 86. Schraubenfederung.

innerhalb des indifferenten Gebietes, so daß die Feder hierbei überhaupt nicht anspricht. Leider hat man für Schraubenfedern noch nicht die richtige Dämpfungsart gefunden, so daß man vorläufig noch auf Blattfedern angewiesen ist.

KONSTRUKTIVE EINZELHEITEN DER BLATTFEDER.

Die Blattfeder bündelt man durch runde Federstifte, die durch entsprechend gestanzte oder gebohrte Löcher in der Mitte der Federblätter eingesetzt werden. Die Löcher sind mit besonderer Sorgfalt auszuführen, da sonst die Bohrstelle durch die Schwächung des Querschnitts der Blätter Anlaß zu Federbrüchen gibt. Die Befestigung der Blätter an den Achsteilen geschieht durch Bügelschrauben. Die Muttern dieser Schrauben müssen unbedingt fest angezogen werden, da sonst durch vergrößertes Spiel Federbrüche auftreten. Das ganze Federgehänge soll frei spielen können, wodurch die Federn um die Achse frei schwingen und eine große Geschmeidigkeit der ganzen Federung erreicht wird.

Die seitliche Verschiebung der Federn wird durch Anbringung von Hilfsbügeln oder durch Warzen oder Schlitze zwischen den einzelnen Blättern verhindert. Die Hilfsbügel sind jedoch vorzuziehen, da sie das Hauptblatt bei starker Durchfederung an der Abhebung von den übrigen Blättern verhindern.

Die einzelnen Federblätter müssen mit Spiel aufliegen, d. h. an den Enden sich berühren, während zwischen den einzelnen Blättern in der Mitte Zwischenraum bleibt. Das Spiel ist zwischen dem ersten und zweiten Blatt am größten und gegen das kleinste Blatt hin am geringsten zu machen. Dadurch wird vermieden, daß stark beanspruchte Blätter, die ihre ursprüngliche Spannung nicht mehr haben, an den anderen in ihrer ganzen Länge anliegen. Durch diese Anordnung werden die einzelnen Blätter ebenfalls von den Biegungsbeanspruchungen stark entlastet, so daß auftretende Verdrehungs-, Stoß- und Schubbeanspruchungen aus der Wirkung der Vierradbremse besser aufgenommen werden können.

Die Blattstärke der Federblätter soll gegen das kürzere Blatt etwas schwächer werden, damit das kleine Blatt nicht zu starr wird. Das Aufeinandergleiten der Federblätter kann man durch Schleifen und Polieren der Oberfläche erhöhen. Die Federung wird dadurch bedeutend schmiegsamer. Zu diesem Zweck sind auch die Kanten der einzelnen abgeschnittenen Blätter gut abzurunden, da sich diese sonst auf der Oberfläche einarbeiten und Federbrüche herbeiführen.

Um die Fugen zwischen den einzelnen Blättern vor Rost und Staub zu schützen, wodurch natürlich die Gleitflächen sehr rauh werden, ist die Verwendung von Federgamaschen sehr zu empfehlen.

Man unterscheidet trockene und geschmierte Federung. Bei der Berechnung und Ausführung der Blattstärke ist dieser Unterschied zu berücksichtigen. Vor allen Dingen darf Trockenfederung nicht geschmiert werden, da sonst dieselbe bei hohen Beanspruchungen zu weit durchgebogen wird.

Die Federn werden an ihren Enden mit Augen oder Oesen versehen, durch welche sie mit Bolzen mit dem Rahmen beweglich verbunden werden. Die Augen sollen am besten nach aufwärts gebogen sein. Das zweite Blatt kann man durch Umbördeln etwas um das Auge greifen lassen, wodurch man bei etwaigem Augenbruch eine zweckmäßige Fangvorrichtung hat. Ein ganzes Umschließen des Auges

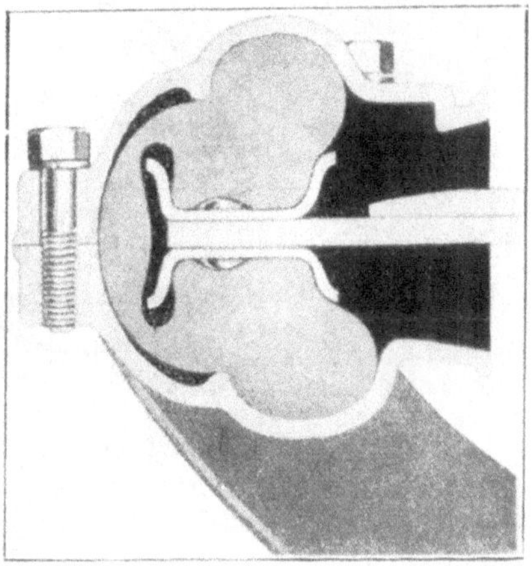

Bild 87. Aufhängung der Feder in Gummikissen.

durch das zweite Blatt ist gefährlich, da beim Durchbiegen der Feder das Hauptblatt auf Zug und das zweite Blatt auf Biegung beansprucht wird. Dadurch entstehen Klemmungen, die bei den starken Blättern zu unvermeidlichen Brüchen führen.

Die Federbolzen werden aus Einsatzstahl (St C 1661, SAE 1015) hergestellt. Um den Verschleiß durch das dauernde Arbeiten der Maschine möglichst gering zu halten, härtet man die Bolzen im Einsatz und lagert sie in mit Bronzebüchsen ausgefütterten Federaugen. Neuerdings hängt man die Feder an ihren Enden in Gummikissen auf (Bild 87), um Quietschen und „Schmieren der Federbolzen“ zu vermeiden. Die Blätter bleiben bei dieser Anordnung an ihren Enden gerade.

Durch die Vierradbremse wird das Hauptblatt der Feder beim Bremsen des Wagens durch große Schub- und Verdrehungskräfte beansprucht, die man durch Gegenfedern aufnehmen soll.

DIE ANORDNUNG DER FEDERN.

Die Federn sind so anzubringen, daß sie durch die Stöße nur in der Längsrichtung beansprucht werden, andernfalls ist eine Gelenkstange anzubringen, die diese Stöße aufnimmt.

Die Halbfeder ist die gebräuchlichste Federform. Die Enden sind zwecks Befestigung der Feder aufgerollt. In der Mitte werden

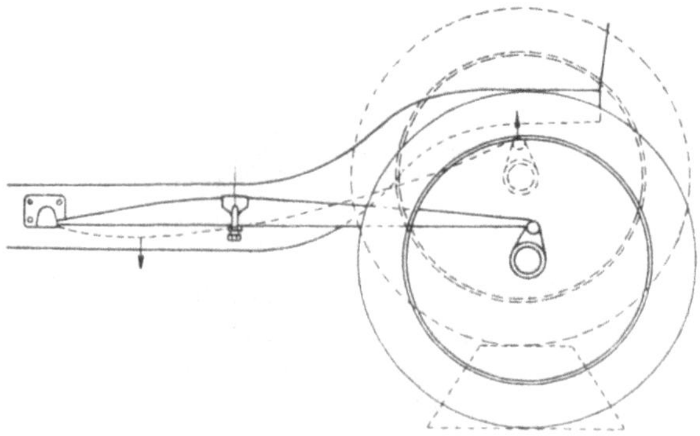

Bild 88. Auslegerfederung.

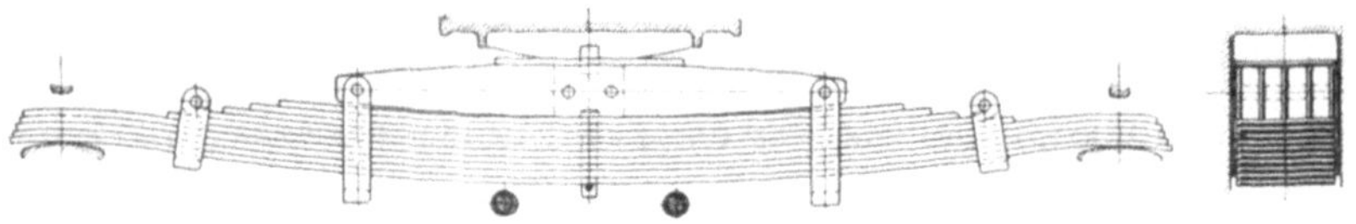

Bild 89. Wälzfeder.

die Blätter durch einen Stift zusammengehalten. Die Halbfeder kann für Vorder- und Hinterräder verwandt werden. Soll der Schub durch die Feder aufgenommen werden, so ist die Feder entsprechend durch die Federlaschen aufzuhängen. Wird dagegen der Schub durch das Kardanschutzrohr aufgenommen, so kann man die bekannte Auslegerfederung (Bild 88) einbauen, da sie sich durch weiches Federn auszeichnet. Um bei Lastwagen gleiche Federung bei leerem und beladenem Wagen zu erreichen, baut man neuerdings die Wälzfeder ein (Bild 89), eine Feder mit gleitenden Enden, so daß sich die wirksame Länge der jeweiligen Belastung anpassen kann.

Vielfach trifft man noch die billige Querfeder, die insofern günstig ist, daß beim Ueberfahren eines Hindernisses durch ein Rad der Wagen nur um den Betrag gehoben wird, der durch die Senkung der Achsmitte bestimmt ist. Bei schlechten Wegen tritt jedoch bei Verwendung dieser Federung ein derartiges Schwanken des Wagens in seitlicher Richtung auf, daß man nur sehr langsam fahren kann. Dazu kommt der erhöhte Verschleiß der Achsschenkelbolzen durch schnelle Lockerung der Federbefestigung. Alle übrigen Federarten, die verwendet werden, können hier nicht besonders behandelt werden, da es zu weit führen würde.

Es sei noch hervorgehoben, daß nicht allein die Feder zur guten Federung beitragen soll, sondern, wie schon erwähnt, auch richtige Abmessungen des Wagens, wie große Spurweite, Radstand, Schwerpunktslage und günstiges Gewichtsverhältnis der gefederten Massen zu den ungefederten (siehe Literatur)*).

Die Beanspruchung der Feder aus Unebenheiten der Fahrbahn, den Zentrifugalkräften in der Kurve, Schwingungsarbeit des Motors und aus der Schubwirkung ist äußerst kompliziert. Man begnügt sich daher meistens mit der aus der Gleichung

$$v = \frac{6 \cdot P}{h^2 \cdot k_b} \cdot x$$

sich errechnenden Formel

$$b = \frac{6 \cdot P \cdot l}{h^2 \cdot k_b}$$

$$f = \frac{6 \cdot P \cdot l^3}{b \cdot E \cdot h^3}$$

l = Länge der Feder
k_b = 40 kg/mm²
P = Belastung

Die Länge der Feder richtet sich nach der Größe des Radstandes. Im allgemeinen soll sie ungefähr dem halben Radstand entsprechen. Die Länge der Vorderfeder wählt man so, daß keine Resonanzschwingung zwischen Vorder- und Hinterfeder auftreten kann. Das günstigste Verhältnis ist 1:1,5. Die Breite und die Sprengung der Feder soll möglichst groß, dagegen die Blattstärke möglichst

*) S. Marquardt. Motorw. 1927. Heft 35 und 36. Federungsprobleme von starren und schwingenden Hinterachsen.

Thomme. Ueber dynamische Wechselwirkung zwischen Fahrzeug und Fahrbahn. Motorw. 1928. Heft 22.

klein sein, da dünne und breite Federn in fast wagerechter Lage am besten federn.

Die Federn sind jedoch so zu bemessen, daß sie nicht so weit durchbiegen können, daß sie auf der Achse aufsitzen, denn dadurch entstehen oft die gefürchteten Federbrüche. Durch Einbau starker hydraulischer oder mechanischer Stoßdämpfer kann man allzu starke Stöße der unebenen Fahrbahn abschwächen. Die Wirkung der Dämpfung soll nach oben stark, nach unten weniger stark sein.

MATERIAL.

Als geeignetes Material für Automobilfedern verwendet man Mangan-Silizium-Stahl (SAE 9250) mit 0,50 % C, 0,60 % Mn und 1,70 % Si oder Chrom-Silizium-Stahl mit 1 % Cr und 1,4 % Si. Die erste Stahlsorte wird bei 780—800° in Wasser gehärtet. Wegen des hohen Mn-Gehaltes wird die andere Qualität bei 800—820° in Oel abgeschreckt. Eine Wasserhärtung würde ein Reißen der Feder verursachen. Nach dem Härten werden beide Stähle bei 420—470° angelassen. Für Schraubenfedern soll als Wicklungstemperatur 900 bis 800° eingehalten werden. Die Streckgrenze soll bis 140 kg/mm² betragen. Der Elastizitätsmodul des Materials ist 19 000 kg/mm². Beim Schleifen der Feder müssen Schleifrisse sorgfältig vermieden werden, da sie Anlaß zu Dauerbrüchen geben können. Die Amerikaner verwenden vielfach für Hauptblätter einen Chrom-Vanadin-Stahl (SAE 6150) und für Nebenblätter einen Kohlenstoffstahl mit 0,45 % C (SAE 1045).

ZUSAMMENFASSUNG.

Erwünscht ist für eine angenehme Fahrt eine weiche Federung durch lange Schwingungsdauer, ferner starke Dämpfung nach oben, um Resonanzschwingungen zu vermeiden. Die Beanspruchung muß durch genügende Abmessung der Feder unterhalb der Elastizitätsgrenze bleiben. Das Material muß hohe Dämpfungsfähigkeit besitzen, damit genügend Widerstand gegen Ermüdung vorhanden ist.

BETRIEBSSTÖRUNGEN AM KRAFTWAGEN UND IHRE BEHEBUNG.

Als Abschluß der Ausführungen soll eine kurze Zusammenfassung der an einem Kraftwagen auftretenden Störungen angefügt werden. In den folgenden Ausführungen soll ein Weg gezeigt werden, wie man am einfachsten und zweckmäßigsten derartigen Störungen begegnet.

A. Störungen am Motor.

Die Leistung des Motors läßt nach. Dies kann durch die verschiedensten Umstände eintreten:

1. Störung im Brennstoffsystem.

Störungsmerkmale: Knaller im Vergaser infolge zu armen Gemisches. Gründe hierfür sind folgende:

Der Benzintank ist leer.

Die Brennstoffzuleitung oder das Sieb ist verstopft.

Die Saugrohrdichtung ist leck.

Die Schwimmernadel klemmt oder hat sich verzogen.

Auf dem Boden des Vergasertopfes hat sich Wasser abgeschieden.

Die Einstellung des Vergasers hat sich verändert, wodurch sowohl zu armes Gemisch als auch zu reiches Gemisch angesaugt werden kann. In letzterem Falle findet nur unvollständige Verbrennung statt, die zu Knallern im Auspuff und starkem Qualmen führen kann.

Stehenbleiben des Motors bei Leerlauf infolge falscher Leerlaufeinstellung.

2. Störung der Zündung.

Störungsmerkmale: Ein oder mehrere Zylinder setzen aus oder Zündklopfen (hoher, scharfer Ton).

Infolge Verschmutzung der Zündkerzen ist ein Durchschlagen des Funkens nicht mehr möglich. Man prüft durch Kurzschließen die einzelnen Kerzen und säubert die verschmutzte mit einer Drahtbürste. Wenn auch dann noch keine Zündung eintritt, ist die Kerze zu erneuern. Evtl. kann auch Kurzschluß in der Zuleitung eingetreten sein.

Die Entfernung der Unterbrecherkontakte kann nicht richtig sein (nicht größer als $^{4}/_{10}$ mm).

Automatischer Zündverstellungsverteiler arbeitet falsch.

Verteilerkopf ist gebrochen.

3. Zu schwache Kompression.

Die Kompression ist schlecht infolge schlechten Schließens der Ventile.

Die Kolbenringe schließen schlecht.

Die Zylinderkopfdichtung schließt nicht gut ab. (Zylinderkopf evtl. verzogen.)

Durchschlagene Zylinderkopfdichtung, wodurch Wasser in den Zylinder gelangen kann.

Die Zündkerzendichtungen sind undicht und lassen die Kompression durch.

4. Ein Heißlaufen des Motors kann folgende Ursache haben:

Das Wasser wird nicht genügend gekühlt. (Evtl. ist der Kühlerschutz zu weit geschlossen.)

Der Ventilatorriemen ist gerissen oder hat sich gelängt.

Der Motor hat zu wenig Oel.

Durch Verstopfung der Kühlwasserkanäle (Kesselstein) — in Gegenden, wo sehr hartes Wasser zur Verfügung steht, verwende man vorteilhaft abgekochtes Wasser — wird der Motor zu wenig gekühlt.

Das Gasgemisch ist zu reich an Brennstoff.

Schlechte Zündeinstellung. (Der hohen Geschwindigkeit entsprechend zu wenig Vorzündung.)

Oelkohlenrückstände bewirken brisante Zündung.

Zu feste Einstellung aller Antriebslager.

5. Die Motoreinstellung ist nicht richtig.

Sämtliche hier vorkommende Störungen sollen nur vom Fachmann behoben werden.

Die Ventilsteuerung hat sich verändert. Die Ventilgeräusche müssen stets periodisch zur Nockenwellenumdrehungszahl sein. Die Ventilstößel müssen genügend Spiel haben. (Leichtes Nähmaschinenticken.) Diese Prüfung ist nur bei warmem Motor vorzunehmen.

Die Ventilschäfte bleiben infolge schlechten Materials oder Ueberhitzung in den Führungen hängen. Man nehme das Ventil heraus, bürste den Schaft mit einer Drahtbürste ab und schleife den Teller neu ein.

Die Ventile sind verbrannt oder haben sich verzogen und sind zu erneuern.

Kleine Oelkohleteilchen können sich unter die Ventile gesetzt haben und schlagen sich im Ventilsitz ein. Nach Abnehmen des Zylinderkopfes ist ein Neueinschleifen des Ventiles auf seinem Sitz erforderlich.

Die Ventilfeder ist zu schwach oder gebrochen und muß ersetzt werden.

Die Ventilfedern sind nicht konzentrisch mit den Ventilschäften.

Der Stößelteller ist gebrochen oder im Stößelfuß hat sich eine Rille eingearbeitet. (Es muß eine Erneuerung der Stößel vorgenommen werden.)

Die Steuerkette hat sich gelängt und muß nachgestellt werden.

6. Störungen am Triebwerk des Motors.

a) Kolben und Kolbenbolzen.

Störungsmerkmal: Scharfes, doppeltes Klopfen bei schnellem Gasgeben.

Die Kolben sitzen zu lose in der Zylinderführung. Ein zu großer Seitendruck auf die Zylinderwände führt zu schnellem Verschleiß derselben.

Die Kolbenringe sind abgenutzt oder gebrochen. Nach Abnahme des Deckels des Kurbelgehäuses — Entlüftungsrohres — hört man an der Oeffnung das Durchpfeifen von Explosionsgasen durch die Kolbenringe. Die Ringe sind zu erneuern. Falls der Zylinder unrund geworden ist, muß er inwendig neu geschliffen werden.

Auf dem Kolbenboden hat sich zuviel Oelkohle angesetzt. (Klopfen bei Beschleunigung und Steigung.)

Der Kolbenbolzen sitzt zu lose im Kolben. (Abhorchen mit Schraubenzieher oder durch Kurzschließen der Kerze, festzustellen bei belastetem Motor, bremsen. Es zeigt sich hoher, nicht sehr lauter Ton.) Es sind neue Kolbenbolzen oder Büchsen einzubauen.

b) Pleuelstangen.

Durch Verstopfung der Oelzuleitung kann Festfressen eingetreten sein.

Zu stark verdünntes Oel oder zu fester Sitz der Pleuelstangenlager verhindert die Bildung eines Oelfilms.

Zu großes Spiel zwischen Pleuellager und Kurbelwellenzapfen. Merkmal: Geräusche treten periodisch mit den Kurbelwellenumdrehungen auf, sind schwach, kurz, aber sehr deutlich vernehmbar. Abhorchen am Kurbelgehäuse mit Schraubenzieher gegenüber dem Lager.

Eine lose Pleuelstange im Kolben und ausgelaufene Lager ergeben dumpfes Klopfen. Die Pleuelstange hat sich verbogen und muß gerichtet oder erneuert werden.

c) Kurbelwellen.

Lose Lager ergeben ein sehr starkes Klopfen (tiefer, ziemlich hohl klingender, dumpfer Ton).

Die Lager sind ausgelaufen infolge schlechter Schmierung.

Infolge verbogener Kurbelwelle sind die Lager unrund geworden. Die Kurbelwelle muß ausgerichtet werden.

Ein zu großes Längsspiel der Kurbelwelle (0,1—0,15 mm) ergibt beim Schieben gegen den Motor ein kurzes Stoßen.

d) Schwungrad.

Beim Gasgeben und Stoppen zeigt sich ein deutliches Rasseln. Das Schwungrad ist lose. Der Schwungradbolzen muß nachgezogen werden.

e) Nockenwellen und Stirnräder.

Die Störungen sind im Steuerradgehäusedeckel deutlich wahrnehmbar. (Kratzendes Geräusch.) Man entferne den Gehäusedeckel und prüfe, ob die Keile der Stirnräder festsitzen. Sind diese gut festgekeilt, so liegt die Störung am lockeren Nockenwellenlager (neue Büchsen einsetzen).

Am Nockenwellenantrieb sind Ketten- oder Kettenradgeräusche festzustellen. Am besten ist dies wahrzunehmen bei 45 km Geschwindigkeit und zwar bei Beschleunigung des Wagens (Rasseln).

Die Kette ist falsch eingestellt und muß nachgestellt, oder, wenn sie ausgelaufen ist, erneuert werden. Die Kettenräder sind lose und nicht in einer Achse.

7. Lauf des Motors.

Vibrationen können folgende Ursachen haben:

Die Motoraufhängung am Rahmen hat Spiel. Lose Bolzen, die den Motor am Rahmen festhalten, ergeben ein tiefes, unregelmäßiges Geräusch.

Der Schwingungsdämpfer muß vorschriftsmäßig arbeiten. Anderenfalls muß er ersetzt werden.

Der Ventilatorflügel oder die Welle ist verbogen. Die sich bewegenden Teile des Motors sind nicht richtig ausbalanciert.

B. Störungen an Teilen der Kraftübertragung.

1. Die Kupplung.

a) Als Hauptstörungsmerkmal kommt hier vor, daß die Kupplung die Kräfte nicht richtig überträgt, d. h., schleift. Folgende Ursachen können hier vorliegen:

Fehlerhafte Einstellung des Kupplungsfußhebels und der Rückzugfeder.

Fehlerhafte Bedienung der Kupplung. Leichtes Auftreten mit dem Fuß auf den Kupplungshebel während der Fahrt führt zum Schleifen und damit zu starker Abnutzung der Kupplungsplattenbeläge.

Die Kupplungsscheibe und die -ringe sind beschädigt. (Sie müssen ausgewechselt werden.)

Die Kupplungsplatten sind abgenutzt und müssen erneuert werden.

Die Triebscheibe ist verölt oder verschmutzt und muß gereinigt werden.

Die Kupplungsfedern sind schlapp oder gebrochen.

Das Spiel des Kupplungspedals hat sich verändert, es soll 20—25 mm betragen, damit das Fingerdrucklager nicht berührt wird.

b) Die Kupplung klebt.

Die Kupplungssegmente sind durch evtl. Schleifen der Kupplung sehr stark erwärmt worden, wodurch ein Kleben eintritt. Ein Nacharbeiten oder ein Erneuern der Segmente und Scheiben ist erforderlich.

c) Die Kupplung klappert und schlägt beim Einrücken. Die Ursache hierfür ist:

Die Kupplungsscheibe sitzt lose auf der Kupplungswelle. Der Sitz der Kupplungsnabe auf der Kupplungswelle ist verändert.

2. Das Getriebe.

Während der Fahrt treten Geräusche im Getriebe auf, sogenanntes Heulen der Räder. Hierzu führt:

Unregelmäßige Abnutzung infolge schlechten Eingriffs der Zahnräder, welches verursacht wird durch unrichtige Flankenform der Zähne oder falschen Abstand der Zahnradmitten voneinander.

Zu starke Abnutzung der Zahnräder infolge schlechten Materials.

Ferner ist auf folgende Punkte zu achten:

Genaue Parallelität der Zähne zur Rotationsachse.

Die Zähne müssen frei sein von Rattermarken.

Die Zahnkränze dürfen bei der Wärmebehandlung sich nicht verzogen haben.

Die Lagerung der Zahnräder darf nicht zu viel Spiel haben.

Das Kopfspiel der Zahnräder muß groß genug sein.

Der Radialschlag soll nicht größer als 0,8 mm sein.

Die Getriebekästen müssen genau gebohrt sein.

Die Achsen müssen in einer Ebene liegen, und der Achsabstand muß richtig bemessen sein.

Die Lagerung der Wellen hat Spiel. Die Welle ist nicht steif genug und biegt sich durch.

Der Getriebekasten muß genau in einer Linie mit der Kurbel- und Kupplungswelle sein, da sonst eine Beschädigung der Führungsbüchsen eintreten kann.

Die Bolzen am Flansch zwischen Getriebe und Motor können sich gelockert haben.

Das Getriebegehäuse ist mit genügend geeignetem Getriebeöl zu füllen (im Winter gebe man vorteilhaft $1/2$ Liter Motorenöl dazu, da sonst das Oel zu steif und damit das Schalten zu schwierig wird).

3. Kreuzgelenke und Kardanwelle.

Kreuzgelenkgeräusche können entstehen durch folgende Gründe:

Zu großes Spiel zwischen Kugelzapfen und Gehäuse ergibt ein Vibrieren.

Der Flansch sitzt lose auf der Welle.

Nicht zentrische Kardanwellen führen ebenfalls zu Geräuschen.

Bei zu schwacher Dimensionierung biegt sich die Kardanwelle durch und singt.

4. Hinterachsgetriebe.

a) Im Hinterachsgetriebe treten bei scharfem Kurvenfahren heulende Geräusche auf, deren Ursache folgende sein kann:

Falsche Einstellung der Achswellenlager, Differentiallager oder Antriebskegelradwellenlager. Das Spiel muß richtig bemessen sein. Zuviel Spiel führt zum Klappern, zuwenig Spiel ergibt zu starke Reibung.

Ein zu geringes Spiel des Antriebskegelrades gegenüber dem Tellerrad ergibt leichtes Heulen bei ziehendem Motor. In diesem Falle ziehe man die Kegelradwelle um zwei Kerben aufwärts.

Abgenutzte Zahnräder führen ebenfalls zum Heulen.

Die starke Abnutzung kann hervorgerufen werden durch ungleichmäßiges Tragen der Zahnräder, schlechte Zahnform oder schlechtes Material.

Der Radialschlag ist zu groß oder das Kopfspiel zu gering.

Man vermeide zu festes Oelen, da es schlechte Schmierung verursacht.

b) Klopfen oder abgehackte und würgende Geräusche treten am Hinterachsgetriebe auf.

Die Zähne der Zahnräder sind eingeschlagen oder abgeschlissen. Metallteilchen haben sich zwischen Tellerrad und Zahnräder gesetzt und verursachen ein Mahlen. Dies kann hervorgerufen werden durch schlechtes Material oder Ueberbeanspruchung.

Die Lager sind beschädigt oder ausgelaufen.

Die Nieten oder Schrauben, die das Tellerrad im Ausgleichsgetriebegehäuse halten, haben sich gelockert und müssen neu eingestellt und gesichert werden.

Die Keile an den Hinterachswellen haben sich gelockert. Die Zahnräder sitzen lose auf dem Keil und schlagen.

Die Keile der Radnaben auf der Achswelle sind abgeschoren.

Der Keil des Antriebskegelrades ist gebrochen.

Die Nieten des Tellerrades im Ausgleichsgetriebe sind abgeschabt.

Das Kreuzgelenk an der Gelenkwelle ist gebrochen.

Die Gelenkwelle oder die Hinterachswelle ist selbst gebrochen.

C. Die Vorderachse und die Lenkung.

1. Die bekannteste Störung ist das Flattern der Vorderräder. Das ist ein plötzliches Stoßen und seitliches Hin- und Herschieben der Vorderräder, auch Schwimmen des Wagens genannt. Hierdurch entsteht ein schlechtes Liegen des Wagens auf der Straße und durch Radieren der Räder ein großer Reifenverschleiß. Ursache hierfür kann sein:

   Ungleicher Luftdruck der beiden Vorderradreifen. Er soll bei beiden $2\frac{1}{2}$—3 Atm. betragen.

   Falscher Sturz der Räder (3^0).

   Veränderung der Vorspur (2—3^0).

   Verbogene Vorderachse. In diesem Falle ist ein Warmrichten mit nachfolgendem Vergüten auf ursprüngliche Festigkeit vorzunehmen.

2. Weitere auftretende Fehlermöglichkeiten der Vorderachse:

   Lockerung der Motoraufhängung am Rahmen.

Verschiebung der Vorderachse aus dem Federsattel.
Veränderung der Einstellung der Radlager.
Lose Radlager und lockere Spurstangenkugelgelenke.
Ungleiche Spannung der Stoßdämpfer.

3. Störungen an der Lenkung:

Der tote Gang beträgt mehr als 20°.

Das Spiel zwischen Schnecke und Daumen muß durch Neueinstellung der Lenkung verringert werden.

Schwergehende Lenkung infolge schlechter Schmierung.

Die Befestigung der Lenkung am Rahmen hat sich gelockert.

Der Lenkhebel auf der Segmentwelle ist lose.

Wegen der Gefahr, die durch derartige Störungen verursacht werden kann, ist ein sorgfältiges Nachprüfen der Vorderachsteile und vor allem der Lenkungsteile unbedingt vorzunehmen.

D. Störungen an den Bremsen.

Ein Versagen der Bremsen kann durch folgende Punkte hervorgerufen werden:

1. Falsche Einstellung der Bremsen.
2. Das Bremsgestänge ist defekt.
3. Bei pneumatischen oder hydraulischen Bremsen sind Undichtheiten in den Bremszylindern vorhanden.
4. Die Bremsbacken rutschen auf der Trommel. Ursache hierfür: Auf dem Bremsbelag ist Schmutz, Fett oder Oel. Eine Reinigung wird diesen Fehler nicht genügend beheben, so daß eine Erneuerung des Belages angebracht sein dürfte.
5. Der Bremsbelag ist verschlissen und muß erneuert werden.
6. Der Ausgleich ist beschädigt oder falsch.
7. Die Auslösefedern sind gebrochen und müssen erneuert werden.
8. Der Ankerbolzenexzenter hat sich gelöst und muß angezogen werden.
9. Die Bremsachse ist nicht konzentrisch zur Bremstrommel.

Da von den Bremsen unbedingte Betriebssicherheit von seiten des Fahrers und der Polizei gefordert wird, sind kleine auftretende Störungen sofort zu beseitigen. Bis auf das Einstellen der Bremse, welches am besten bei hochgebocktem Wagen vorgenommen wird, sind die Reparaturen einer Reparaturwerkstatt zu überlassen.

E. Die Federung.

Bei Kurvenfahrten und Befahren von schlechten Straßen treten ein Aufsitzen der Feder und damit verbunden starke Stöße auf. Die Ursachen hierfür können folgende sein:

1. Die Federbefestigung an den Achsen oder Bolzen ist locker.
2. Die Federbolzen sind durch starken Verschleiß unbrauchbar geworden und müssen erneuert werden.
3. Die Federlager sind radial und axial ausgeschlagen.
4. Die Federblätter gleiten nicht mehr gut aufeinander, da Rost oder Schmutz sich dazwischen gesetzt hat. Hier genügt eine Reinigung mit Petroleum. Zur Vermeidung dieses Fehlers ist eine Ledermanschette sehr zu empfehlen.
5. Die Federblätter haben sich verschoben.
6. Die Federblätter haben sich in den Führungsrillen eingearbeitet, wodurch ein Federbruch eintreten kann.

Reparaturen an der Federung soll der Privatfahrer nach Möglichkeit nicht selbst vornehmen, sondern entweder der Firma oder einer Reparaturwerkstatt den Wagen zur Reparatur geben. Ueberhaupt ist jedem Automobilbesitzer anzuraten, seinen Wagen von Zeit zu Zeit (etwa nach 20000 km oder nach acht Monaten Fahrt) bei der liefernden Firma oder deren Vertretung vollständig nachsehen zu lassen.

Diese Zusammenstellung hat keinen Anspruch auf Vollständigkeit, es soll nur der Weg gezeigt werden, wie etwa die Störungen beseitigt werden sollen.

Literaturzusammenstellung.

„Motorwagen" 1926, Heft 5.
„Der moderne schnellaufende Automobilmotor" von Riedl. Verlag C. Schmidt, 1924.
Bussien, Automobiltechnisches Handbuch. Verlag M. Krayn, Berlin.
„Technische Schwingungslehre" von Hert. Verlag Springer, Berlin.
Dr. Lehr, Dissertation, Darmstadt 1926.
V. D. I. 1924, Seite 767.
Stahl und Eisen, 1929, Seite 833.
Stahl und Eisen, 1928, Seite 38.
Stahl und Eisen, 1928, Seite 65—69.
Zeitschrift für Maschinenbau, 1928, Prof. Schlesinger, Bearbeitbarkeit von Automobilstählen.
Ricardo, Schnellaufende Verbrennungsmotoren. Verlag Springer, 1925.
„Der Motorwagen", 1929, Heft 13, Schnellganggetriebe, von Soden.
„Der Motorwagen", 1927, Heft 8 und 9. Kaufmann.
Automobile Engineer, März 1925.
„Der Motorwagen", 1927, Heft 35/36, Marquardt.
„Der Motorwagen", 1928, Heft 22, Thome.

Druck von Siegfried Scholem, Berlin-Schöneberg

FSC
www.fsc.org
MIX
Papier | Fördert gute Waldnutzung
FSC® C083411

Kolibri 360 GmbH
Ferdinand-Jühlke-Straße 7
99095 Erfurt, Deutschland
produktsicherheit@kolibri360.de